Unique

Unique

時短と成果が両立する 仕事の「見える化」「記録術」

職場必修！高效
可視化
工作術

不加班、不瞎忙、不崩潰，實現Work-Life Balance！

谷口和信 著

林詠純 譯

目錄
CONTENTS

第3章 將行程可視化

第4章 將行動可視化

第5章 將靈感可視化

第6章 將夢想和目標可視化

好評推薦

在現代職場中，資訊與任務的繁多確實容易造成混亂，而「可視化記錄法」能夠幫助我們清晰規畫、提升效率，進而實現真正的Work-Life Balance。這樣的概念不僅適用於個人時間管理，也對團隊協作與專案管理有極大的幫助，對於現今職場人來說無疑是一項關鍵技能。

——**周博，「周博教你高效閱讀做筆記」版主**

好記憶不如爛筆頭，光靠大腦記憶其實充滿風險，本書將教會你資訊視覺化，以提升記憶、強化思考層次，並提高工作效率。「可視化」能幫助理清任務、優化決策，並改善溝通效果，這真是一本職場必備的高效工作指南！

——**鄭俊德，閱讀人社群主編**

前言

什麼是「可視化」？

你聽過「可視化」這個詞嗎？

或許有人會說：「聽過啊，那不就是製造現場用來解決問題的方法嗎？」

可視化的概念最早出現在二〇〇六年，由豐田（TOYOTA）汽車這家公司從改善業務活動的角度提出。創造可視化這個名詞的豐田，也將其定義為「使問題變得可見」，因此這樣的理解並沒有錯。

然而，不是只有製造現場才能夠利用可視化改善業務，這個概念也適用於需要進行思考和產出知識的工作。

那麼，在「知識生產」的現場，可視化的目的是什麼呢？

我們為什麼要進行可視化呢？

如果沒有做到可視化，會發生哪些問題呢？

首先，如果沒有做到可視化，就容易在工作上出現疏忽、遺漏、遺忘等失誤，導致工作無法有效率地進行。

就算你只被交辦一項工作，要完成這項工作也必須掌握許多要點吧？

⊙這項工作預期達成的目標是什麼？

⊙為了達成這個目標，需要做到哪些關鍵的事情呢？

如果進行工作時沒有把該做的事情寫下來，使其變得可視化，可能就會漏掉一、兩件。如果工作的品質不符合上司的期望，當然就必須從頭來過。而從頭來過是工作中最浪費時間的事情，不僅如此，還會造成極大的精神壓力，所以應該極力避免。

只要做好可視化，就能避免遺忘之類的失誤，也能改善工作效率。而只要不發生失誤，周圍的人對你的信賴感就會提升，這也將成為你本身的優勢。

此外，人們在面對未知的事物時，會產生恐懼與不安的情緒。這可能是因為「未知事物可能會帶來危害」的意識運作，這種情緒已經內建在基因層面，藉此提醒我們注意。

在恐怖電影與鬼屋當中，最可怕的往往是怪物即將出現的場景。工作時也是同理，當我們準備處理未知的工作時，也會因為害怕開始而忍不住拖延。最後愈來愈失去動力，導致原本應該更早進行的工作產生延誤，最終因此而感到後悔。

面對這種未知的工作時也一樣，只要我們將「不知道的部分」和「目標是什麼」寫出來並加以整理，就能掌握下一步動作以及必須完成的事項。可視化也可以說是一種將未知事物轉化為已知形態的做法。

換句話說，只要習得接下來即將介紹的可視化技巧，就能實現以下的成果：

⊙讓該做的事情變得明確，消除對開始著手的恐懼，使工作不再拖延。
⊙因為有寬裕的時間能夠展開工作，所以也能冷靜地處理事務。
⊙避免工作出現疏忽、遺漏、遺忘、期限延遲等失誤。

我之所以會像這樣以「工作的可視化」為主題寫這本書，是有原因的。其實在大約十年前，我所有的工作都只在腦中思考，完全沒有進行可視化。因此總是被截止日期追著跑，而且要做的事情不夠明確，卻還是草率地開始，結果就是在進行時必須反覆修改。就算花了很多時間，我依然覺得自己只能做出低品質的成果。

「我正在做了，馬上就會完成。」

我曾多次像蕎麥麵店的外賣員一樣，給出這種敷衍的回覆。

因為總是在截止前的最後一刻才匆忙開始，所以熬夜甚至通宵工作變得司空見慣。我甚至會覺得「工作是被迫的」、「都是些無聊的作業」。

這讓我陷入了輕度的憂鬱狀態。

我意識到不行這樣下去，必須做點改變，因此開始將各種事項寫下來，也就是進行了可視化。

結果，我現在幾乎不再需要加班了。我變得能夠自動自發地提前處理工作，不再被人催促，也沒有被迫工作的感覺。

如此一來，最崩潰時曾經每月超過一百二十小時的加班時間，如今減少到了大約二十小時左右，工作時間縮短了三〇％以上。

當然，工作成果的品質並沒有下降。不僅如此，儘管難以量化，但我有自信工作成果確實提高了二〇％到三〇％。我成功地實現了縮短工時與提高成果的雙重目標。

我寫這本書的理由，就是希望能幫助像過去的我一樣，因工作而承受壓力的人。

在這本書當中，我將介紹如何透過以下步驟來進行工作的可視化，藉此更有效率地處理工作，並能夠將時間運用在真正想做的事情上。

第一章介紹了將工作可視化時的共通點。無論是使用手帳、筆記本還是便條，這些工具在記錄時都有許多共通之處。

第二章會說明將任務與待辦事項可視化的方法。因為任務與待辦事項一旦變得清晰可見，就更容易著手進行。

第三章則會介紹如何將行程可視化。若是見招拆招的行動，會讓你不知道何時才能完成工作。如果沒有明確的結束時間，也不會知道何時才能展開下一項工作。這是非常重要的部分，因此我將安排充分的篇幅，詳細介紹具體的方法。

第四章是行動的可視化。人的記憶不僅模糊，還會只記得自己想記的部分。為了確實掌握事實，行動可視化也是非常重要的步驟。

第五章將介紹如何把日常的靈感與想法可視化。畢竟難得想出了絕佳的點子，最後卻忘記了，這些點子就無法被利用。

本書最後的第六章，則會介紹將夢想與目標可視化的方法。夢想與目標也是我們在處理日常必要事項時的「動力開關」，因此請好好地整理清楚吧！

這本書按照工作進行的順序寫成，閱讀時請一邊回顧自己進行工作的方式。如果是今天就能做到的事情，希望各位立刻就用來改善工作的進行方式，不要等到明天。

因此，請在閱讀時把目前面臨到的問題放在腦海裡，相信你一定能找到解決問題的線索。

第 1 章

可視化的共通點

01 人是健忘的生物

本書所謂的可視化，就是寫下來的意思，但為什麼必須這麼做呢？

因為**人是健忘的生物**，**一定會忘記**。

即使覺得自己「這麼簡單的事情應該記得住，不寫下來也沒關係」，但事後卻想不起來，相信你也有過這樣的經驗。

我自己當然也經歷過無數次這樣的狀況。

所以我決定基本上**將想到的事情全都寫下來**，**預定的行程與別人託付的事情也都要當場記錄**。

想不起來的事情是種壓力

那麼，如果想不起來，會發生什麼事情、造成哪些困擾呢？

想不起來的事情會成為壓力，也可能會導致後悔。

如果同樣的事情反覆發生，可能會陷入自我厭惡，而如果忘記了與他人的約定，也會產生寫電子郵件或打電話道歉等多餘的工作。再者，這麼一來，對方對你的信任與信賴也會下降。

這些問題也一樣，只要「寫下來」就可以避免。所以不要過於相信自己，覺得「這麼簡單的事情不用寫下來也記得住」，而是要把「**一定會忘記，所以要寫下來**」當成基本原則。尤其是與他人的約定或別人的委託，一定要養成記錄的習慣。

立刻寫下來

該採取什麼樣的對策才能防止遺忘呢？

那就是當場**立刻寫下來**。

不要過於自信地認為自己能記住一切，而是要早點意識到**不可能記住所有的事情**。請養成確實寫下來，進行可視化的習慣。

全部寫下來

「什麼事情要寫，什麼事情可以不用寫呢？」

思考這個問題也會浪費時間。

有人說過，同樣的點子不會出現第二次。如果忘記約定，通常就很難再想起來。

所以不要猶豫到底該不該寫，請抱著**如果猶豫就寫下來**的想法，不管什麼事情全部都寫下來吧。

不浪費意志力

「全部寫下來」的效果不僅於此。無論是煩惱、猶豫、思考……哪怕是多小的事情，在做決定時都會消耗**意志力（Willpower）**。

眾所皆知，蘋果的共同創辦人史蒂夫．賈伯斯（Steve Jobs），生前每天都堅持相同的打扮——黑色高領毛衣搭配牛仔褲，腳下踩著休閒鞋。

美國前總統歐巴馬（Barack Hussein Obama II），也以每天穿著同樣的西裝而聞名。

「我總是穿灰色或藍色的西裝，這樣做可以減少我必須做的決定。我沒有多餘的心力去決定要吃什麼、穿什麼，因為我還有一大堆必須做的決策。」

歐巴馬總統如此回答。

史蒂夫．賈伯斯與歐巴馬總統可說是透過徹底減少必須做的決定，讓自已更進一步地專注在真正重要的事情與自己的目標上。

大家都有許多必須在重要場合做出決策的時候吧？

意志力，也就是Willpower，總是在早上起床時補滿，但每當進行微小的決策時，就會在反覆的猶豫與思考中逐漸減少。

我們必須將這種寶貴的力量保留給重大決策，因此必須減少猶豫、煩惱和思考的次數。

當猶豫、煩惱與思考愈少，就愈能**集中精力在真正需要專注的事情上**。

除了記錄下來之外，當感到猶豫時，就決定去做吧。這麼一來，就能**將精力使用在真正重要的事情上**。

寫在同個地方

好不容易把事情寫下來了，但如果找不到或無法回顧，那就和沒寫一樣。一定要記住自己寫在哪裡，所以建議集中在同一個地方。

我也曾有一段時間，同時使用手帳與Google行事曆這兩種工具管理行程。但好幾次都因為忘記合併，結果行程只記在其中一項工具裡，導致錯過了約定。

因此，**請將行程與任務集中在一處管理**。

放在隨時可見的地方

將必須確認的事項，例如任務與攜帶物品清單等寫進記事本後，將記事本擺在想看隨時都能看的地方非常重要。

不過，如果在不需要查看時擅自進入視線，也會導致專注力在這個瞬間被打斷，這樣也不行。

請放在如果沒有特別注意時不會看到，但想看時立刻就能查看的地方。

放在「行動路徑」上

如果記事本上寫著絕對不能忘記的事情，就應該放在你的行動路徑上。

舉例來說，如果你列出了攜帶物品清單，就應該貼在一定會看到的書桌上或玄關的門板上；如果是任務清單，則應該寫在能夠與手帳或Google 行事曆等同時查看的地方；也曾聽過有人會把要帶的東西放在明天準備要穿的鞋子裡。

爲未來的自己寫得清楚明瞭

日後回顧自己所寫的備忘時，如果字跡過於潦草導致難以辨認，或者能夠辨認卻想不起來是什麼意思，那就失去寫下來的意義了。不僅寫下來變成白費工夫，也會因為想不起來而產生壓力。

為了避免這種情況，方便日後回顧時能夠讀懂內容，請務必為了**未來的自己寫得更清楚明瞭**。

爲了遺忘而寫下來

「記住」這個行為，其實**等同於在腦中反覆回想，避免自己遺忘**，會對大腦帶來負擔。這麼一來，就難以專注於眼前的事情了。

因此，請更積極地**為了遺忘而寫下來**。

為了專注於當下，我們能夠做的就是將其他事情寫下來然後忘記。這樣大腦就能輕巧地運作，發揮更高的效能。

可視化的規則

- ☐ 立刻寫下來
- ☐ 全部寫下來
- ☐ 不浪費意志力
- ☐ 寫在同個地方
- ☐ 放在隨時可見的地方
- ☐ 放在「行動路徑」上
- ☐ 為未來的自己寫得清楚明瞭
- ☐ 為了遺忘而寫下來

02 結合數位與傳統工具的優點

說到記錄工具，有手帳、筆記本等紙本傳統工具，也有電腦與智慧型手機等電子工具。這兩種工具不分優劣，各有各的優缺點。

首先，就讓我們來看看數位與傳統各自的優點和缺點。

數位工具的優點

首先是數位工具的優點。

⊙不需反覆輸入定期性任務或行程，可以省去麻煩

這無疑是數位工具的最大優點。重複的行程或任務只要輸入一次，系統

就會依照設定的頻率自動生成。因此，我也會將例會或討論輸入Google行事曆並設定為重複行程。

此外，我還會將每日或每周重複的任務輸入到Toodledo這款任務管理App中，設定為重複的任務進行管理。只要設定為每日重複的任務，並在當天完成後勾選，隔天的任務就會立刻自動生成，非常方便。

如果是手寫，就需要每次都把行程與任務寫下來，相較之下，數位工具非常適合我這種很怕麻煩、不想反覆做同樣事情的人。

⊙協助提醒（通知）

通知功能就和自動重複一樣方便。

我在輸入行程時，一定會設定在會議、討論或是外出時間的十分鐘前響鈴提醒。

儘管如此，我也曾在專注工作時，沒有注意到電腦或手機的響鈴通知。這樣的情況發生過好幾次，因此後來我將通知也同步到Apple Watch，即使工作再專注，振動也會傳遞到手腕，這麼一來就不會再錯過行程。

此外，我也有好幾次在搭乘電車時，因為讀書或校稿過於專注而坐過站。為了避免這種情況，我現在會在到站前一分鐘設置計時器提醒。

⊙搜尋方便

需要回顧過去行程與任務的機會或許不多，但在使用數位工具時，就可以輕鬆搜尋。

舉例來說，如果想確認上次討論A專案的日期，只要輸入「A專案」就能找到；如果想知道與某B會面的時間，只需輸入「B」即可。

⊙能夠分享給別人

有些公司會使用Outlook等數位行程管理工具來將行程共享給團隊成員，我的公司就是這樣。除了秘書以外，我想很少人會試圖去管理別人的行程，但有時候知道別人的行程會比較方便，例如安排下次會議時，即使當事人不在也能決定時間。

同樣地，在同事離開座位時，如果其他人接到電話，只要知道同事的行程，就能告知來電者對方在何處，例如是在公司內開會還是外出；若是外出，會不會再回公司、回來的時間大概是幾點等。

紙本工具的優點

接下來是紙本工具的優點。

⊙具有彈性

以紙本工具寫下來，最大優點就在於其**彈性**。

電腦與智慧型手機的應用程式確實方便。但 Excel 主要用於表格計算，Word 主要用於文書輸入，只能在限定的條件中發揮作用。至於智慧型手機的應用程式，雖然特定功能優異，但反過來說也意味著缺乏彈性。

這代表使用電子設備進行輸入時，必須在規定的框架內操作，這對於寫出腦中的想法，也就是進行可視化時是個缺點。

想要改變文字顏色、用螢光筆突顯重點、畫圖、用線連接A和B、自由排版……當出現這些需求時，數位與紙本何者較快速，答案應該很明顯。

⊙資訊一目了然

相較於智慧型手機的螢幕，手帳或筆記本能夠一次看到更多資訊。

畢竟在安排行程、回顧備忘時，總是希望能夠盡可能更廣範圍地查看。所以能夠一目了然的空間更大、資訊量更多的紙本式手帳與筆記本，在這些情境下比智慧型手機等數位工具更具優勢。

⊙不需啟動時間

手帳或筆記本只要攤開就能立即使用，不需任何啟動時間，也不用擔心電池耗盡或是訊號不良。

紙本式的筆記本或手帳，在搜尋性、輸入重複行程或任務方面，確實比不上數位工具，但只要稍微花點工夫，這些問題還是可以克服。

舉例來說，即使是紙本工具，也可以利用浮貼的便利貼來吸引注意力，或者將重複的行程與任務寫在便利貼上，每次完成後就貼到下次預定的日期等。

除此之外，使用智慧型手機管理行程時，很難邊講電話邊確認或添加行程，但手帳則能輕鬆應對這點。

結合數位與紙本的優點

我以前曾寫過「手帳術」的書，所以有點猶豫到底該不該把這件事寫出來，總之，我現在主要使用數位工具來管理與他人的約定以及每日任務。

但即便使用數位工具，也不代表我不再使用紙本手帳。

詳細內容會在第三章介紹，簡而言之，我仍然會以手寫的方式，記錄當天的重要任務與預定行程。

如同前面的介紹，數位與紙本各有優缺點。

數位工具與紙本工具都是工具，並非只能選擇其中一種，根據需求靈活運用即可。請根據自己方便、適合的方式，結合兩者的優點來使用吧！

結合數位與紙本的優點

數位的優點

- 省去反覆輸入的時間
- 能夠協助提醒（通知）
- 搜尋方便
- 能夠與他人分享

紙本的優點

- 具有彈性
- 資訊一目了然
- 無需啟動時間

根據需求組合想要的功能使用！

03 手寫的好處

到目前為止所寫的內容，可能會讓人以為數位工具還是更具優勢，但實際上並非如此。

將不需要記住的簡單事項或是一再重複的事情可視化時，我確實建議使用數位工具，但除此之外的內容，我則推薦用手寫。

手寫文字相較於用鍵盤打字，是一種更複雜的動作，因此能對大腦帶來更多刺激。手寫能夠同時活化大腦的多個區域，即使是相同的文字，也能刻在大腦更深層的地方。

這麼一來，比起輸入到電腦或手機等數位設備，**手寫更能長時間且確實地記住資訊**。

在某項研究中發現，被要求在課堂上手寫筆記的學生，最後考試的平均分數比用電腦輸入的學生更高。此外，報告也顯示，手寫筆記的學生在考試結束後，能更長時間記住筆記內容。

這代表如果用手寫下，即使不刻意去背誦，也能**自動記住**寫下的內容。正因為我知道這點，所以即使我的字跡經常潦草到連自己都看不懂，我也會盡量用手寫。

基於這些理由，我強烈建議將重要的事項用手寫下來。

04 從「想像結果」開始

我在寫下任務或行程時，會注意一件事情，那就是「從想像結果開始」。

所謂的「想像結果」，指的是**想像完成的形態或目標**。

我在建設公司從事設計工作，而各位也知道，建築物不會憑空開始建造，一定會有設計圖。

設計圖是設計者將對於完成形態的想像，例如「想要製作這樣的東西」、「想要這樣的顏色和形狀」等，透過「圖紙」表現出來。

各位應該也看過刊登平面圖與完工想像圖的建案廣告吧？

此外，像「○○建設工程」這樣的計畫啟動時，首先決定的就是竣工日，也就是建築物完工日期。

建設工程會從建築物完工並交付給客戶的日期往回推，在過程中設定多項進度檢核點，例如「〇月〇日前要完成╳╳」等，確認工程是否如期進行。

這樣的做法不僅限於建設工程。

工作必定有期限，如果著手時想著「有時間再做」，那可能永遠都無法完成。應該從截止日期開始往回推，在過程中設置進度檢核點，並依照進度行動。

這麼一來，就不會因為在截止日期前匆忙開始，而導致只能完成低品質的工作。

你希望完成什麼樣的成果呢？

先想像完成形態，然後由此往回推算。請養成這樣的習慣。

第 2 章

將任務和待辦事項可視化

01

將任務可視化，能讓人安心

當工作中要處理的事情很多，各種事項在腦海中轉個不停，導致思緒過載，這就是大家常說的緊張狀態。

我也曾經如此，無論是新手還是老手，動不動就緊張的人，往往都是只在腦中思考「要做的事情」。但這麼一來，根本就無法集中精神處理工作。

「那麼，該怎麼辦呢？」

當大腦緊張到無法運作的時候，只要把所有該做的事情、必須思考的事情全部寫在手帳或筆記本上，**進行可視化即可**。

「寫下來太浪費時間了，想到什麼就盡快著手不是比較好嗎？」

或許也有人會這麼想，但是欲速則不達。與其緊張到什麼都無法做，任憑時間流逝，整理腦中思緒雖然乍看之下需要時間，但就結果而言，反而能夠更快完成工作。

此外，把事情寫下來後，可能會有這樣的感覺：

「就這麼一點？比想像中少多了。」

之所以會有這樣的感覺，是因為將要做的事情和工作內容以可見的形式呈現出來更能綜觀全局，客觀地掌握工作量。

可視化還有減緩焦慮的效果，能夠緩解「必須快點做」的情緒。

具體的方法稍後將會詳細說明，但首先要做的是：**將所有想到的事情全都寫在手帳、筆記本或便利貼上**。將所有覺得必須做的事情可視化，就能從緊張狀態中解放。

處於緊張狀態下什麼都做不了，為了邁出第一步，可視化是一個有效的方法，請務必嘗試看看。

02

消除疏忽與遺漏

把任務寫下來進行可視化，可以讓心情更從容。

最重要的是，這麼做可以避免疏忽、遺漏和遺忘。如果發生疏忽、遺漏或遺忘，當你回想起來時，可能就不得不暫停目前順利進行的工作去處理這些問題。這樣一來，焦慮感也會隨之而來。

專注力當然也會因此而被打斷。

這種臨時插入的工作可說是最浪費時間的事情。

為了不讓目前該做的事情受到干擾，把其他事情寫在別的地方，還不需要處理的時候就先拋在腦後。

那麼，實際上該如何寫下來呢?從下一節開始將會依序介紹。

防止疏忽、遺漏與遺忘

好像勉強來得及
啊，我忘了……
喂，工作B還沒好嗎！
不管A還是B都來不及！

今天該做的事情是……
任務清單
接下來只要一一完成即可！
全部做完了！

03

提升思考與工作的層次及速度

我在前面提過，如果無法清楚看見該做的事情，就很難付諸行動。反過來說，如果能夠將任務可視化，就能專注於眼前的工作。

這麼一來就會知道自己該做什麼，所以能夠專注於眼前的事情。如果能夠專注，工作的效率就會提高。

此外，當你明白需要在什麼期限內達成什麼品質時，就能以最短的路徑達到目標。

做到適當的程度後就結束，能減少時間的過度消耗，讓時間與心情都變得從容。如此一來就能減輕焦慮，冷靜地處理工作，進而在短時間內達成零失誤的高水準成果。

將任務與待辦事項可視化的六個步驟

接下來會分成六個步驟，介紹將任務與待辦事項可視化的具體方法。第一次進行這項作業時，可能需要相當多的時間，因此請在時間充裕時進行。或者，即使無法一次完成，也可以在後續補充作業，分幾天完成也無妨。

步驟1：列出所有事項。
步驟2：下一步行動是否有多個步驟？
步驟3：細分任務。
步驟4：設定所需時間。
步驟5：設定期限。
步驟6：列入任務／待辦事項清單。

04 步驟1：列出所有事項

首先是第一步。在這個步驟中，我們要把腦海裡所有必須做的事情和想做的事情全部寫下來。

寫出腦中所有的事情需要相當大的空間，因此如果選擇手寫，請不要使用手帳，而是要使用沒有空間限制的筆記本。

此外，也可以寫在便利貼上排列出來。或者使用 Excel 等數位工具進行整理。

接下來將會介紹每種工具的具體使用方法。

①寫在筆記本上

接著將說明寫在筆記本時需要注意的事項。首先，請將所有想到的任務和必須做的事情，依照想到順序**全部寫下來**。

猶豫著要不要寫只會浪費時間與精力。如果覺得某些事項不必要，可以事後再刪除，因此請先把所有想到的事情全都寫下來。

還有一點必須注意，那就是寫的時候務必保留充分的留白空間。

因為任務不是寫下來就結束，日後回顧和想到相關事項時需要補充記錄，而結束的項目也需要打勾或用紅線畫掉。

此外，寫下的任務如果不是一個步驟就能結束，也需要細分成多項小任務。

為了方便進行這些操作，請在最初記錄時保留足夠的空白。

②寫在便利貼上

首先，原則上一張便利貼只寫一項任務。

如果一張便利貼寫了多項任務，那麼就得在所有任務完成之前保留那張便利貼。

如此一來，每次確認任務時，已經完成的任務也會跟著映入眼簾，這樣的狀態並不理想。

此外，也有很多人聽到「寫在便利貼上」，會寫一張貼一張，再寫一張再貼一張。

但我的建議是，先在一張空白的紙上貼滿便利貼後再開始寫。這是因為，**人們看到空白會有填滿的衝動**。這不僅限於整理任務，腦力激盪時也一樣。先準備好書寫的位置，會更容易產生靈感，請務必試試看。

③ 輸入到 Excel 中

這也和手寫一樣，只需依照想到的順序將所有事情輸入即可，所以不需要特別說明。

手寫筆記本需要保留充分的空白空間，但數位工具可以輕鬆地增加行或列，因此不特別留意空間的使用也無所謂。

從這個角度來看，數位工具確實很方便，但任務清單必須隨時隨地都能確認，因此建議將完成的清單列印出來，與手帳或筆記本一起隨身攜帶。

除此之外，雖然這裡沒有介紹，但還有使用心智圖或邏輯樹等框架整理思緒的方法。想要嘗試各種方法的人，可以自行研究並嘗試看看。

所有的任務都列出來之後，就進入接下來的第二步。

05

步驟2：下一步行動是否有多個步驟？

「下一步行動是否有多個步驟？」指的是「這項任務是否一個步驟就能完成，還是一次做不完，需要多次行動或伴隨多項任務呢？」舉例來說，像是被要求「製作企畫書」或「製作簡報資料」，我們可能不確定具體而言到底該做什麼。

這種大型任務（或稱為專案）需要一直分解，直到看見「只要這麼做即可」的具體行動為止，因為將專案細分就會更容易行動。

如果下一步行動需要多個步驟，那麼請進入第三步細分任務。

如果只需要一次行動，而且在五分鐘內就能結束，那麼記錄到清單上就太浪費時間，請當下解決。如果預計會超過五分鐘，則進入到第四步。

下一步行動是否有多個步驟？

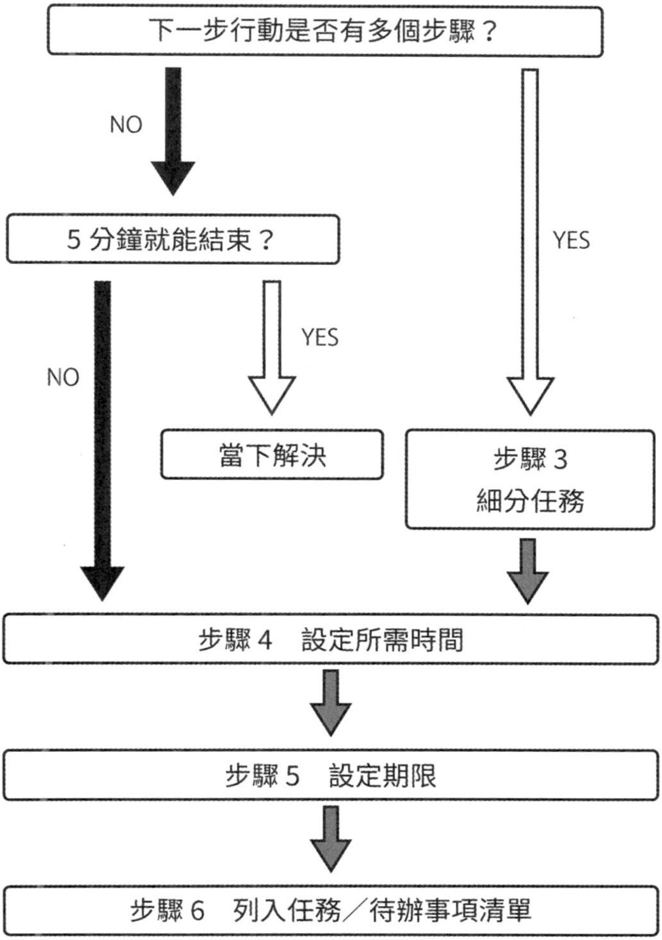

06 是否能夠將任務細分？

以「舉行會議」這項專案為例，來將任務細分。「舉行會議」這項任務需要多次行動，因此需要將其全部寫出來。

- ⊙決定日期時間。
- ⊙決定參加者。
- ⊙尋找場地（會議室）。
- ⊙預約場地（會議室）。
- ⊙製作會議摘要。
- ⊙發送會議通知。
- ⊙準備會議資料（這也是一項專案，需要進一步細分）。

立即想到的事項就已經有這麼多了，而實際上應該還有更多項任務。如果想到什麼就做什麼，一定會有疏漏。為了避免發生這種情形，請在習慣之前，將所有細節都當作任務寫下來。

而將大任務（專案）分解為小任務時，有一些需要注意的事項，接下來將為大家介紹。

寫下具體行動

最重要的是寫出「做◯◯事情」這種具體的行動。如果只寫「考慮◯◯」或「評估◯◯」，無法清楚知道該做什麼。

為了明確判斷任務是否完成，請寫出具體的行動。

盡可能將任務細分

人的專注力無法持續太長時間，據說高度專注的狀態只能維持十五分鐘，一般程度的專注則是三十分鐘，最多不超過九十分鐘。此外，長時間專注之後會感到疲憊，恢復也需要時間。

因此，每項任務都應該分解成如果專注進行，能夠在一小時內處理完畢的作業。

完成一項任務後，請休息約五到十分鐘，再開始下一個任務。這也是維持一整天專注的訣竅。

最好加上數字

處理任務時，如果目標和進展明確，動力和專注力就更容易持續。舉例來說，如果五項任務中已經完成了三項，就會讓人覺得「只剩下兩項而已」，再稍微加把勁就好了，不是嗎？

因此，為了讓自己清楚知道正在接近目標，任務上最好加入數字。

細分任務

思考商品企畫

任務是否太大了呢？

思考商品企畫

↓

調查熱門商品的銷售資料

寫下自己想到的點子

重新檢視過去的市場調查

寫下具體的行動

07 步驟3：細分任務

接下來就簡單介紹將大型專案分解成小任務的方法。

寫在筆記本上

例如像前面提到的「舉行會議」這種不算大也不太複雜的專案，只要寫下任務，例如：

- ⊙決定日期時間。
- ⊙決定參加者。
- ⊙尋找場地（會議室）。
- ⊙預約場地（會議室）。

⊙製作會議摘要。
⊙發送會議通知。
⊙準備會議資料。
……，就能進行整理。

但如果是稍微複雜一點的專案，寫下來之後還需要調整順序，或者進一步細分，這時候筆記本就不太方便，需要使用其他方法。

寫在便利貼上

如果需要方便地調整順序、增加或刪除項目，便利貼是個不錯的選擇。因此當我們需要將稍微複雜的任務細分時，可以使用便利貼。

具體做法是，首先將所有想到的事項全部寫在便利貼上。

接著將類似的項目歸類，如果發現最好再進一步細分的任務，也將其細分並寫下，或是將任務重新排列以便掌握執行順序。

舉例來說，我在寫前一本書時，會首先將所有能夠想到可以寫的內容、想寫的內容隨意地寫在便利貼上。

寫到一定程度後，接著將相似的項目歸類，並思考容易讓讀者理解的順序以重新排列，如果想到其他可以寫的內容，也會追加寫在便利貼上。

寫在便利貼上時，建議**先將便利貼貼滿白紙後再開始寫**。

寫在便利貼上

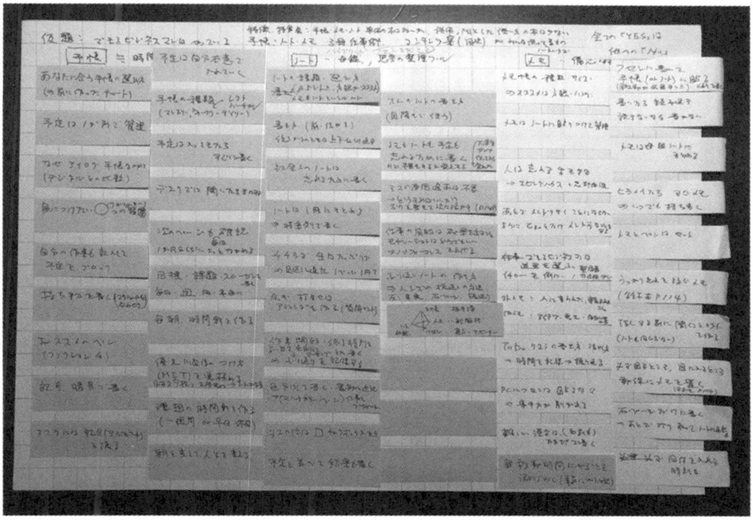

寫在便利貼上的重點

- 一張便利貼只寫一項任務。
- 先將便利貼貼在白紙上後再寫。
- 不需要在意順序，想到什麼就立刻寫下來。
- 將類似的項目歸類，再進一步細分。
- 最後整理順序，寫下需要補充的部分。

使用WBS

複雜的專案、多人參與的專案，或者需要掌握總作業時間時，可以使用WBS（Work Breakdown Structure，工作分解結構）這種方法。

WBS是將整個專案分解（Breakdown）為細節作業（Work）的結構圖（Structure）。在確認整體專案的作業和所需時間時非常實用。

WBS可以為每個細節任務分配人力與時間，有興趣的讀者可以研究並嘗試看看。

使用 WBS

專案名稱 ： 豬排咖哩製作專案

	大項目	中項目	小項目	所需時間(分鐘)	主要負責人
11		拿出家裡有的材料	米	2	B 組
12			麵包粉	2	B 組
13			炸油	2	B 組
14			小麥粉	2	B 組
15			鹽、胡椒	2	B 組
16			調理工具（鍋具、菜刀、砧板）	5	B 組
17					
18	準備食材	準備豬肉	斷筋	10	A 組
19			撒鹽及胡椒	3	A 組
20			浸在蛋液裡並撒上麵包粉	5	A 組
21					
22		準備白飯	洗米	5	B 組
23					
24	調理	炸豬排	用油炸成金黃色	12	A 組
25					
26		煮白飯	將米放進電鍋並按下開關	45	電鍋
27					
28		裝盤	將白飯盛到盤子上	2	A 組
29			將豬排放在白飯上	2	B 組
30			將咖哩淋在豬排與白飯上	2	B 組

WBS 是 Work Breakdown Structure 的縮寫，指的是將任務細分化的一覽表。

這是一種將專案分解成小任務的可視化手法。

通常也會一併記下預計的所需時間與進行狀況。

具有以下這些優點：

- 明確化該進行的作業。
- 能夠管理工時、工序。
- 方便分配任務。

五分鐘內能夠完成的事情就當下處理

分解專案時，有時也會出現一些短時間內立刻就能處理的事情。

這時候，應該當下就處理。幾分鐘內就能完成的事情，順手解決不用記錄，不僅能夠減少任務，心情也會變得爽快。

本章開頭之所以會說「（任務的可視化）請在時間充裕時進行」，也是考慮到需要確保充分的時間，來解決當下就能處理的短暫任務。雖然每項任務都能在五分鐘內完成，但數量一多還是需要花費時間。

同樣的道理，我只有在時間充裕時才會打開信箱。這樣就能立刻處理短時間就能完成的事情，並避免因為反覆閱讀同一封郵件而浪費時間。

08 步驟4：設定所需時間

製作任務清單的目的有兩個：

⊙記錄該做的事情，避免遺忘。

⊙掌握處理任務所需的時間。

從這兩個目的可以看出，**任務和所需時間密不可分**，因此在任務清單中，千萬不要忘記寫下需要的時間。

如果能夠掌握每項任務需要的時間，就能找出可以利用零碎時間完成的任務進行處理。

此外，如果是針對每項專案製作的任務清單，還可以輕鬆掌握該專案需要多少時間完成。

附帶一提，我以前舉辦研討會時，甚至曾經將寫在便利貼上的任務和處理任務的所需時間，全部重新輸入到 Excel 中進行統計。

這麼做雖然麻煩，但可以掌握每個項目需要的時長，以及完成所有投影片的總時間。

此外，我還設定了每張投影片的說明時長並進行統計，以確認整場研討會需要費時多久。

這麼一來，就能清楚知道目前完成了多少、接下來還要製作什麼、需要多少時間製作、是否會因為投影片過多而超時等。

09

步驟5：設定期限

沒有期限的事情就不算工作。如果有人對你說「請你寫一篇稿子，什麼時候完成都可以」，你會立刻動手寫嗎？

剛開始或許會寫，但不久後可能就會因為「還有其他事要做，現在不寫也沒關係」而不斷拖延，最後永遠寫不完。

雖然不設定期限也能完成是理想狀況，但能做到這點的人少之又少。大多數的人都是因為有期限，才會為了在時間內完成而工作。因此，請務必為每項任務設定完成期限。

設定兩種期限

你是否曾有過這樣的經驗，原本以為只要在客戶指定的期限內完成工作即可，結果卻來不及做完，或者在期限內無法達到滿意的品質呢？

這背後有三個原因。

第一，途中必定會出現突然插隊的工作。

你是否有過這樣的經驗呢？當你心想：「差不多該著手進行這項工作了，不然可能會來不及。」並準備開始的時候，上司突然又交辦了另一項緊急任務。

如果你說：「我手邊還有其他工作，所以無法接下新的事情。」體貼的上司或許會找其他人幫忙。

但你也可能因為人手不足等問題，而不得不做；又或者當出現客訴或糾紛，也必須立即處理。

這樣一來，原本準備著手的作業就無法進行了。

第二個理由是，工作往往比預期的更花時間。

你是否也曾有：「直到快要截止才著手進行，結果發現比想像中更花時間，不確定能不能在截止之前完成……」這種經驗？

像這樣在承受時間壓力的狀態下工作，即使是平時輕易就能完成的事情，也容易因為焦慮而出錯。

而一旦發生錯誤，就需要時間來修正。這麼一來就會變得更焦慮，形成惡性循環。

第三，即使自己認為已完成並提交出去，還是經常需要修正。

就算你認為自己已經依照要求完成工作，對方也未必這麼覺得。

「這和我們要求的感覺不一樣。希望可以再稍微像這樣修改一下。」

這種話應該也有很多人聽過吧？

如果有充分的時間修正還可以接受，但如果沒有時間又該怎麼辦呢？

舉例來說，資料明天早上九點就需要，但在前一天下午五點才被要求修正，這麼一來可能就必須取消下班後的私人行程加班處理。

為了避免發生這些情況，請在真正的期限（死線）之外，也設定一個將日期提前的「**個人截止期限**」。

具體而言該提前多少時間取決於工作內容，但我通常會提早半天到一天交出。

畢竟在截止日期前交出成果，只會獲得稱讚，不可能遭到責罵。

在匆忙中完成的低品質成果，和在時間充裕的情況下完成的高品質工作，何者更受歡迎，答案顯而易見。

因此，當你接受委託時，請設置一個比死線更提前的個人截止日期，並努力遵守這個期限。

10 步驟6：列入任務／待辦事項清單

原本需要多次行動的專案，已經分解成小任務了。兩種期限也設定好了，接下來，就要製作任務清單。

我建議各位將任務整理成清單形式。

不過，如果覺得已經寫下來的內容還要重寫很麻煩，將便利貼重新排列後貼在手帳或筆記本上也無所謂。畢竟製作任務清單不是目的，請選擇最省事的方法。

這裡有一點需要注意：不要將寫著任務的便利貼貼在電腦螢幕上。

便利貼容易掉落，如果掉到桌子底下可能不會發現，如果找不到，說不定就想不起來這項任務。

此外，把任務貼在視線所及之處，也會干擾注意力。

錯誤的任務／待辦事項管理

不能把螢幕貼得像向日葵或獅子一樣

任務清單格式介紹

到此為止，我已經建議在設定任務時，必須預估所需時間與兩種截止期限，接著就讓我們來製作包含這些內容的任務清單吧！

你或許會認為：「特地製作清單太麻煩了，我記得住，沒問題！」然而正如先前所說的，「人是健忘的生物」。

前面也提過，當人看到空白（框架），就會想要填滿。因此，如果有格式，就會產生一種必須在欄位中寫些什麼的感覺，不知不覺開始思考填入空白欄位的內容。

不管是手寫、用 Excel 製作表格，還是使用任務管理 App 都可以，請務必決定一種格式並將其整理成清單。

另外，如果是用電腦製作 Excel 表格等，強烈建議將其列印出來，以便與手帳或筆記本一起隨身攜帶。

列入任務／待辦事項清單

以紙本管理

任務清單

2019 年 12 月 13 日

No.	任務(要做的事、想做的事)	所需時間	真正期限	自己的期限	詳情／備註
A	A專案　會議記錄製作	0:30	2019/12/18	2019/12/15	
B	A專案　下次會議議程製作	1:00	2019/12/16	2019/12/15	也請其他出席者補充
C	B專案　會議資料列印	0:15	2019/12/16	2019/12/15	僅自己用的備份
D	出差經費報銷	0:20	2019/12/24	2019/12/22	將收據整理好
E	預約例會用會議室(一個月份)	0:30	2019/12/27	2019/12/25	
F	P計畫　企畫書的架構手寫製作	0:30	2019/…		
G	T專案的提案書給課長確認	0:30	2019/…		
H	打電話給○○	0:05	2019/…		
I	R1專案　會議記錄確認	0:20	2019/…		
J					
K					

寫下必要時間(所需時間)、
真正的期限、
個人的期限。

數位化管理

我現在會用「Toodledo」這項任務管理 App 管理任務

資料夾一覽畫面

資料夾內任務一覽

任務詳情畫面

根據工作與專案，將工作以外的事項分成「夢想・目標」、「每日任務」、「平日任務」等多個資料夾管理。
資料儲存在雲端上，因此電腦與手機都能查看，相當方便。

11 製作空檔時間用的待辦事項清單

前面介紹的清單製作方法，針對的是有明確期限的任務。但並非所有任務都有明確的期限，例如經費或交通費的報銷等，就沒有明確規定期限（這種任務稱為待辦事項）。

在這種情況下，前面介紹的任務清單可能就不適用，因此也需要製作針對這些任務的清單（待辦事項清單）。

舉例來說，當約好的對象通知你，他將遲到十五分鐘時，你會做什麼呢？你能找出可以在十五分鐘內完成的工作並快速處理嗎？

⊙閱讀累積的郵件。
⊙閱讀傳閱的文件並傳給下一個人。

運用預期外的時間

只要有待辦事項清單，就能充分運用零碎時間！

⊙打電話給〇〇。
⊙檢查任務清單。

有十五分鐘，就能做很多事情。如果是需要三分鐘完成的任務，可以處理五個；需要五分鐘完成的任務，可以處理三個。即使是需要三十分鐘的任務，只要中途中斷不會有影響，也可以完成一半的工作量。

擁有一個針對零碎時間的待辦事項清單，就能減少這種無意識的時間浪費，進而縮短加班時間，能夠早點下班。

我們無法預測什麼時候會出現零碎時間，當突然有時間時，重要的是不要浪費時間在思考「現在要做什麼？」。

我製作了公司用、外出時用和家用這三種類型的零碎時間待辦事項清單，並在每個清單上記錄可以在一分鐘內完成、五分鐘內完成和十分鐘內完成的事情。

此外，我也隨身攜帶必要的物品，這麼一來即使突然出現零碎時間也不必擔心。

活用零碎時間的待辦事項清單

使用 Excel 管理

	A B	C	D
1			
2	零碎時間用待辦事項清單		2019年12月1日製作
3		零碎時間該做的事情·能做的事情	詳情／備註
4	1分鐘內完成的任務		
5		回顧目前作業並寫在筆記本上	
6		在MyStats（生活記錄App）中輸入工作實績	
7		確認今日詳細工作內容	
8		確認本周和本月的目標	
9		在Google行事曆確認今後行程	
10		檢查任務	
11			
12	5分鐘內完成的任務		
13		確認本周的任務與目標	
14		確認郵件→立即回覆不需要費心處理的郵件	
15		閱讀、整理並補充筆記	
16		整理桌面（處理不需要的文件）	
17		閱讀傳閱文件	
18		寫下可以利用零碎時間處理的工作	在不太重要的會議開始前
19			
20	10分鐘內完成的任務		
21		回顧今年的目標	
22		回顧筆記，記下發現和需要改進的地方	
23			
24			
25			

使用 App 管理

手機 App 畫面

依照任務
所需的時間排列

12 製作交通時間用的待辦事項清單

準備交通時間用待辦事項清單的理由，就和準備零碎時間用待辦事項清單一樣。如果在上了電車後才思考：「現在上車了，該做什麼呢？」等你決定好的時候電車可能都已經到站，這樣就太遲了。

為了有效利用時間，應該在上電車之前就決定好「該做什麼」。

「既然如此，使用零碎時間用的待辦事項清單不就好了嗎？」

各位或許會這麼想，但坐在自己的辦公桌前和坐在電車上，能做的事情還是不一樣。

舉例來說，當你坐在辦公桌前，或許可以整理桌面、處理不需要的文件，但在電車上卻無法做這些事情。

所以除了零碎時間用清單外，應該還要準備一份交通時間專用的清單。

交通時間用的待辦事項清單

使用 Excel 管理

交通時間用待辦事項清單	2019年12月1日製作
交通時間該做的事情、能做的事情	所需物品
1分鐘內完成的任務	
在MyStats（生活記錄App）中輸入工作實績	手機
確認本周、本月的目標	手機
在Google行事曆確認今後行程	手機
檢查任務	手機
確認社群媒體	手機
5分鐘內完成的任務	
搜尋路線和目的地（第一次去的地方）	手機
在社群媒體發文、回應	
記錄靈感和想到的事情	筆、記事本
思考部落格和電子報的題材	寫在記事本上
閱讀	書本、電子書
10分鐘內完成的任務	
確認稿件	紙本稿件
寫部落格或電子報的草稿	坐下時使用筆記型電腦

使用 App 管理

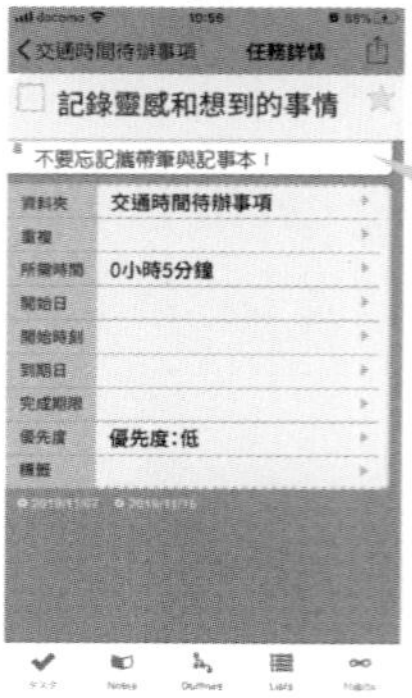

將實行這項待辦事項所需的物品也記錄在交通時間用待辦事項清單上，就不會忘記帶！

手機 App 畫面
一併記下攜帶物品

13 將所需物品也記錄在清單上

當你因為工作而需要通勤時，通常會在電車上或公車上做些什麼呢？

如果搭電車的時間只有五分鐘左右，我會用手機確認待辦事項或行程安排。

如果有十分鐘左右，我就會想些電子報的題材並寫在備忘錄上。

此外，像現在正在寫這份書稿，我就會拿出列印的稿子，邊閱讀邊用紅筆寫下需要補充或修正的地方。

如果有更長的時間，例如十五分鐘以上而且能夠坐下時，我就會從包包中拿出筆記型電腦，撰寫電子報的草稿或是修正書稿。

如果沒有特別要做的事情，無論通勤時間長短，我都會閱讀書籍。

那麼，這些作業的共通點是什麼呢？

沒錯，無論進行哪種作業，都需要工具。手機總是隨身攜帶，因此不需要特別記得「一定要帶」。

但是，如果要檢查原稿，就需要列印出來的稿件；如果要寫筆記，就需要記事本；如果要用電腦工作，當然就得帶著電腦才行；而如果忘記帶書那就無法閱讀。

因此，當考慮移動中可以做哪些事情的時候，應將需要的工具一併列入清單。關於這點請參考第76頁的圖。

出門前檢查這份清單，就能避免浪費通勤時間這段珍貴的自由時光。

第 3 章

將行程可視化

01 行程中也要記錄與自己的預約

我們在第二章中，已經將需要的時間與兩種截止期限可視化，並製成了任務清單。製成任務清單有時也會讓人產生任務已經完成的錯覺，但實際上並非如此。任務只有在執行之後，才算是真正完成。

本章將會說明該如何決定在什麼時候處理這些任務，並將其納入預定行程。

你在使用手帳、筆記本或Google行事曆等行程管理工具（以下簡稱為行事曆）時，會記錄哪些內容呢？

應該有很多人會將會議、討論、出差等所有的行程都詳細記錄下來，以免遺忘。

但這麼做只是將行事曆當作備忘錄使用而已，從藉由可視化以提高效率及生產力的觀點來看，並未充分運用行事曆的功能，而且不要說一半了，甚至連二〇％都沒用到。

「那麼，除了預定的行程之外，還要寫些什麼呢？」

我似乎可以聽到這樣的疑問。

我的回答是「所有事情」，但是本章只探討行程的可視化，因此我們只關注與行程管理相關的內容。

絕大多數人所記錄的會議、討論、出差等都有對象，也就是與別人的約定；但行事曆上還應該記錄與「別人以外的人」之間的約定。

沒錯，這個「別人以外的人」，就是自己。

手帳上不僅要記錄與他人的約定，還要記錄自己預定的行動，也就是**與自己的約定**。所謂與自己的約定，就是自己的作業計畫與行動計畫。換句話說，當你獨自坐在辦公桌前的時候，就要把準備做些什麼寫下來。

02 爲什麼要將行程可視化？

為什麼需要特地花時間把行程寫下來，將其可視化呢？最主要的目的是為了**避免忘記與他人的約定**。

如果忘記了約定，信用就會大幅下降，因此為了避免發生這種情況，我們會使用手帳或Google行事曆等工具，作為大腦的外部記憶裝置。

一旦有了行程，就馬上記錄在行事曆的相應日期。這麼做看似理所當然，但就是因為沒做到這點，才會發生忘記、遺漏行程的狀況。這是基本中的基本，也是最重要的一點。

不忘記約定且一定遵守，只要做到這點就能成為優勢，所以請養成一有行程就馬上記錄的習慣。

至於尚未確定的新行程，可以這樣處理：

⊙如果使用 Google 行事曆等數位工具，請標註「（暫定）」。
⊙用鉛筆或可擦式原子筆寫在手帳上，確定後再用原子筆寫下。
⊙暫定行程的時間軸以虛線畫出，確定後再以實線標示。

這樣就能清楚區分哪些是確定的行程，哪些是暫定的行程。

除了這些方法之外，還有其他許多方法，請先試試看自己覺得方便的一種。

與自己的約定也一樣。

如果將自己的行程安排利用有時間軸的行事曆可視化，什麼時候應該做什麼就能一目了然，如此一來就不需要浪費時間思考：「接下來該做什麼呢？」而能夠立即行動。

此外，當上司交辦插隊的工作時，也可以先和他確認：

「我今天準備處理A、B和C的工作，這項工作更優先嗎？如果是的話，B可以明天再處理嗎？」

有時甚至可以拒絕插隊工作，或者重新安排原有的計畫。

而將行程可視化的目的不僅止於此。詳情之後會再介紹，但簡單來說，將行程可視化也具有敦促自己行動、加快工作速度，使工作能在時間內完成的效果。

由此可知，將行程可視化有許多好處，因此請務必養成這項習慣。

寫下行程的方法

一旦有了行程

電子　or　紙本

立刻輸入

立刻寫下

一旦有了行程請務必立刻記錄

03 工作的八成取決於進度安排

有句話說「安排佔八成，工作佔兩成」，意思是「進度安排」，也就是「計畫」在工作中非常重要。

這裡所說的「進度安排」指的是在開始工作之前，先規畫好工作進行的順序，而這時需要的就是**行程的可視化**。

舉個容易理解的例子，你在前往陌生場所時，會事先確認路線吧？這麼一來，就能在抵達目的地的路上避免迷路。

工作也一樣，開始工作之前，先花點時間確認今天要以什麼樣的步驟（路線）進行，做好充分準備，就能以距離最短的路徑前進而避免折返，工作就可以更快結束。

大人也要製作時間表

你在出社會後，有沒有製作過**時間表**呢？

「會議與討論的行程我都記在手帳上以免忘記，但我從來沒有做過時間表。話說回來，什麼是時間表啊？」

這麼想的人應該也很多吧？

不過，只記錄會議與討論這種與他人的約定，無法有效地利用時間。

時間表有兩個重要的效果，那就是「**截止日期效應**」和「**棘手的作業也能開始進行**」。

那麼，接下來就簡單說明這兩個效果吧！

截止日期效應

所謂的截止日期效應指的是，截止時間已經確定，所以能夠集中精神想辦法在這段時間內完成任務的效果。

「還有十五分鐘就要出門了，但出門前必須完成並交出這份文件。」

你是否也曾遇到過這樣的狀況呢？

這種情況下，你會比平時更加專注，即使平常需要三十分鐘才能完成的工作，也能在十五分鐘內完成。

製作時間表就是為每項任務**設定開始和結束的時間**。

如此一來，就能集中精神在短時間內完成工作。

棘手的作業也能著手進行

請回想一下學生時代。國語、數學、英語、歷史……各式各樣的科目，我們都會均衡地學習吧？

為什麼能夠做到這點呢？

原因就是存在著時間表（課表）。

如果沒有時間表，或許就會出現「我喜歡數學，但不擅長歷史，所以只學數學」的學生吧？

如此一來，喜歡的科目會不斷進步，但棘手的科目或不想學的科目則會原地踏步。

工作也是類似的道理。假設有個人喜歡使用 PowerPoint 製作簡報資料，但不擅長進行計算，這個人接到的任務也不會只有製作簡報資料，還是可能有必須計算的作業。

「不擅長的工作可以交給其他人，所以沒問題！」

就算是這樣，還是會有像計算經費或交通費等，雖然棘手但無論如何都必須自己處理的事情。

然而，人們對於棘手的事情往往裹足不前，總是忍不住拖延，結果就是經費的核銷遲遲無法完成。

為了避免這種情況，應該製作時間表來鎖定自己的行動，半強迫地將自己置身於必須完成工作的狀態。如此一來，任何工作都能夠順利進行。

04 將作業時間可視化

接下來，我們將介紹製作時間表的具體方法，以前從未製作過時間表的人，或許還無法掌握每項作業所需的時間。

此外，也可能無法回想起一些在無意識中進行的活動。

舉例來說：

⊙從早上起床到出門需要多少時間？
⊙通勤時間大多在做什麼？
⊙午休時需要幾分鐘吃飯？吃完飯後在做什麼？
⊙寫會議記錄需要多少時間？

為了掌握這些重複作業所需的時間，建議將從早上起床到晚上睡覺的這段期間內的所有行動，都以「幾點到幾點，做什麼」的方式記錄下來，最少記錄三天，最好能記錄一周。

將今日的任務可視化

在製作時間表之前，首先請重新將今天必須完成的事項和想要做的事情寫下來進行可視化。

「明明已經有任務清單了，還要重寫一遍真麻煩……」

有些人或許會這麼想，但這麼做能夠以重新確認的角度回顧任務清單，從中選出今天該做的事情。

接著請在任務清單上記下所需的時間，並統計總共是多久。

如果大約是六小時，那麼很可能不需要加班就能完成。

但如果超過十小時，就確定得加班了。這時就需要重新檢視任務，壓縮所需時間，以確保能在上班時間內完成任務。

如果每天的上班時間是八小時，就請將一天處理的任務量控制在六小時左右。請考慮到有工作插隊、進展不如預期等狀況，保留預備的時間。

如果寫出的任務超過六個小時，可以將其依照優先順序分類，例如「必做的Ａ級任務」、「完成Ａ級任務後再進行的Ｂ級任務」以及「有時間才做的Ｃ級任務」等。

這麼一來，當安排的工作提前完成時，就不需要思考「接下來該做什麼？」可以立刻處理下一項任務。

此外，請不要讓所有時間都被即將截止的工作填滿。即便是目前不緊急的工作，如果一再拖延，也會變成緊急工作。為了避免發生這種情況，務必將不緊急但重要的工作也納入行程當中。

將今日任務可視化

■ 今天該做的事情·想做的事情		預估時間	實際
a 睡眠	A 處理郵件	30	
b 用餐	B K專案　資料修正指示	45	
c 打理自己	C R1專案　確認會議記錄	30	
d 洗澡	D B專案　列印討論資料	30	
e 每日回顧	E A專案　製作下次的排程→寄給相關人士	60	
f	F		
g	G		
h	H		
i	合計	3:15	

■ 其他著手的事情·完成的事情	實際	
・ＩＴ專案：回答其他部門的問題		•
・ＪＯ專案：重新檢查企畫書		•
•		•
•		•

請以重新確認今天必做任務的角度檢視任務清單，製作今日該做的事情清單。

05

記錄所需時間

① 睡眠時間

對人類來說，睡眠時間幾乎可說是最重要的事情。睡眠不足絕對不會帶來任何好處。

睡眠少於幾個小時會影響表現？

想睡幾個小時？

幾點需要起床？

為此必須幾點上床睡覺？

如果睡昏頭，就無法在工作中擁有良好表現。上班族就和職棒選手或職業足球員一樣，也是**工作上的專業人士**。而既然是專業人士，就必須進行身體管理，隨時保持最佳狀態。

因此必須從就寢時間往回推，計算出「即使加班也應該在○點離開辦公室」，依此決定下班時間，把**確保睡眠時間視為第一優先**。

②日常生活時間（用餐、洗澡、通勤等）

接下來要安排的是日常生活時間，例如用餐、洗澡以及準備出門的時間等。

在安排行程時，很多人會無視這些生活時間，但請試著將這些時間也列出來。這麼做就會發現，「一天當中可以自由支配的時間其實非常少」。

這種「時間其實很少」的自覺非常重要。察覺這點之後，就會敦促自己**更加深入地思考時間的運用方式**，決定「一整天該如何度過」。如此一來，就能以更充實的方式運用時間。

③自己的時間

第三個要安排的是自己的時間。

人活著不是為了工作，時間也不是為了上班而存在。工作是為了生活，時間的存在是為了用來做自己想做的事情。

你現在最想做什麼事情呢？

「即使是平日也想和家人一起度過。」

「想要參加平日白天舉辦的活動。」

「我累了，想要優閒地放鬆一下。」

除了第二章列出的任務與待辦事項之外，你一定還有許多其他想做的事情。

因此，請確保一天當中有可以自由支配的時間。

只要確實完成該做的事，稍微任性一點也是可以的。比起工作，**請優先確保從事自己想做的事情的時間**。

將必要的時間記錄下來

掌握必要的時間

① 確定睡眠時間

想要幾點睡覺幾點起床？
記錄幾點睡覺、幾點起床。

↓

② 確定生活時間

記錄用餐、洗澡、準備外出等生活時間。

↓

③ 確定自己的時間

空下來的時間就是能夠自由使用的時間！
每天務必保留自己的時間！

實際記錄並掌握

06:30：起 床
06:30 ～ 07:30：準備出門
07:30 ～ 08:30：通勤（上班）
08:30 ～ 12:00：工 作
12:00 ～ 13:00：午休（午餐）
13:00 ～ 18:00：工 作
18:00 ～ 19:00：通勤（下班）
19:00 ～ 20:00：晚 餐
20:00 ～ 21:00：自己的時間
21:00 ～ 21:30：洗 澡
21:30 ～ 23:00：自己的時間
23:00：睡 覺

06 記錄下班&最後接受任務的時間

① 下班時間

為了確保自己有時間從事真正想做的事情，首先要決定的是下班時間。我的手帳上，在下午六點的位置畫了一條紅線，表示「這個時間要結束工作並下班」。

這麼一來，我就會意識到結束工作的時間，產生在這之前無論如何都得把工作解決掉的想法，促使自己集中精神高效率地完成工作。

附帶一提，我所在的公司表定下班時間是下午五點三十分，但我希望在簡單整理完辦公桌並做好隔天的準備之後才下班，因此我把下班時間設定為下午六點。

②最後接受任務的時間

決定下班時間的同時，還有另外一項必須決定的事情。那就是「最後接受任務的時間」。

所謂「最後接受任務的時間」，指的是「在這個時間之前接下的新任務，能夠在下班時間前完成」。

換句話說，就是決定在幾點之後不再接受新任務。

銀行或郵局的窗口，都有明確規定結束受理的時間吧？工作也一樣。

「差不多是下班時間了，來收拾一下吧！」

如果在你這麼想的時候，接到了似乎需要一個小時以上的任務委託，就不可能在預定的時間下班。

因此，在設定下班時間的同時，也設定最後接受新任務的時間，是一件重要的事情。

那麼，該如何設定「最後接受任務的時間」呢？只要參考實際例子就能理解。

⊙如果是餐飲店，料理的最後點餐時間通常是打烊前的三十分鐘，但飲料點單則接受到打烊前的十五分鐘。

⊙如果是美容院，剪髮的最後受理時間是打烊前一小時，但染髮則需要提前兩小時。

看到這樣的設定應該就有概念了。

工作上也可以採取類似的方式，舉例來說，如果只是回覆電子郵件，可以設定在下班的十五分鐘前還能處理；但如果是需要時間作業的任務，最晚須在一個小時前提出等，設定多個細項也沒問題。

為了遵守下班時間，必須從下班時間反推，確定最後接受任務的時間。只要遵守這個時間，就能準時下班。

請務必畫清界線，以確保下班後的私人時間。

下班時間與最後接受任務的時間

首先決定下班時間

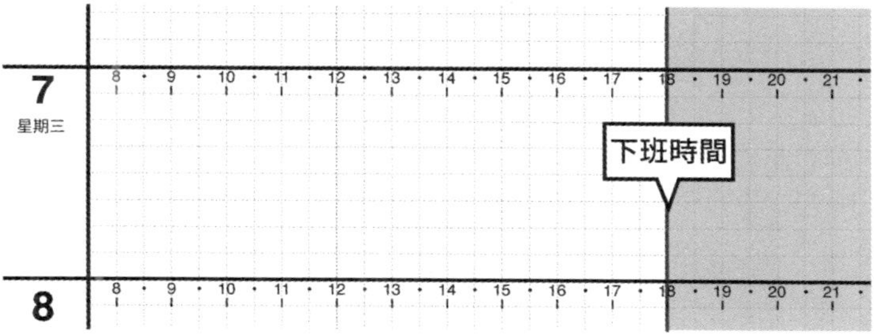

透過反推的方式，一併決定最後接受任務的時間

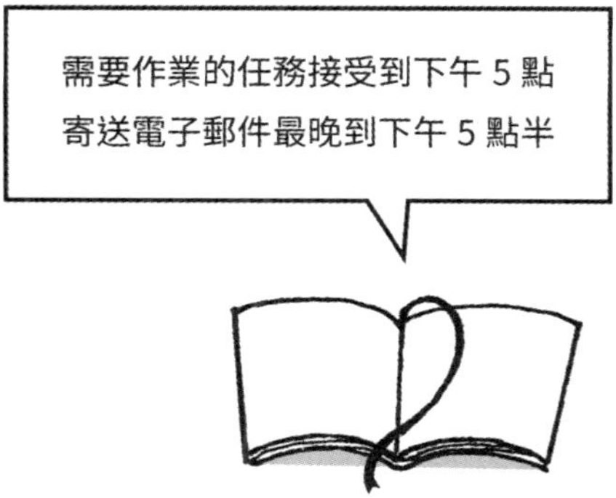

07 在時間表中填入工作事項

接下來，終於可以開始製作工作時間表了。

首先從那些無法更動的行程開始填寫。這些無法更動的行程，包含會議、討論、接待客戶等與他人的約定。如果是私人行程，則可能包含聚餐、喝酒、約會、聯誼，以及醫院的預約等。

填寫獨自進行的行動計畫並預留時間

請檢視到目前為止填寫的時間表，呈現什麼樣的狀態呢？

我想各個時段都有蟲蛀般的缺口吧？在這些空出來的時段，可以將先前列出的「今日任務」填入，記錄自己的行動計畫，並保留時間與精力。

所需時間不是必要時間

各位聽到「所需時間」，或許會以為是處理這項任務所需要的時間，但事實並非如此。

「需要多少分鐘」當然也很重要，但更重要的是「可以花多少分鐘」。

綜觀今天一天需要處理的所有任務，並以處理每一項任務「可以花多少分鐘」為基準，來決定所需時間。請在這段時間內發揮最佳表現，並注意必須完成比要求品質高出一〇％的成果。

從「大任務」↓「小任務」填滿時間空檔

利用任務來填滿時間空檔時，應該先安排大的任務。

這裡所說的「大」、「小」並不是指任務的重要性。

「大任務」是指需要一定程度的時間處理，而且中斷後會花更多不必要的時間，因此需要連續時間來完成的任務。

「小任務」則是指不需要太多時間即可完成的簡短任務。

如果因為緊急且重要等理由而先安排小任務，就沒有足夠的時間去處理大任務。

因此，安排行程時應該先安排大任務，再利用小任務來填滿空檔。

優先處理涉及他人的工作

當你習慣了依照製作的時間表工作後，就會發現自己獨立作業的工作能夠準確且準時地完成。即使上司或後輩突然找你，或者臨時出現了額外的任務，也能夠在預先留出的緩衝時間內從容應對。

然而，對於那些需要委託他人，或是等待他人交出成果的工作，有時候可能會發生他人無法遵守期限、成果不夠精確等不如預期的狀況。

一旦發生這種情形，就會因為被迫處理這些突發問題，導致自己的工作往後延遲。

我們無法完全掌控他人的能力，或者他們是否有其他行程。為了在任何情況下都能將意外降到最低，只能自己提前採取行動。因此需要優先處理涉及他人的工作。

從頭到尾都能獨力進行的工作，即使需要熬夜加班也能完成，但我們當然不能強迫他人這麼做，也無法懷有這種期待。

所以為了給予對方充分的時間，當你需要將工作委託給別人時，請盡早交給他們。

依照「大任務」→「小任務」的順序

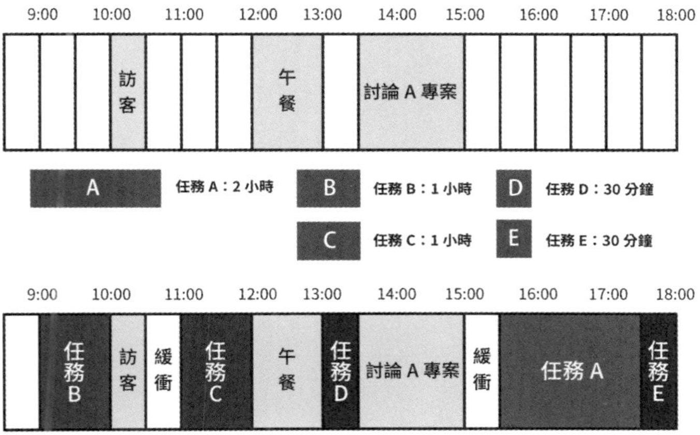

製作時間表就像拼拼圖。

如果不從大的任務先填入，就無法確實填滿！

08 在時間表中預留緩衝時間

你讀小學的時候，是否也曾在放長假時，製作過如下的時間表呢？

我每次放長假時都會做一份，但從來沒有一次能真正遵守（汗）。

為什麼無法遵守呢？

我最近終於知道原因。

第一個原因是，當時間表完成的那一刻，我就覺得自己好像已經做到了。做完時間表就已經心滿意足，所以沒有付諸行動，也不打算行動。

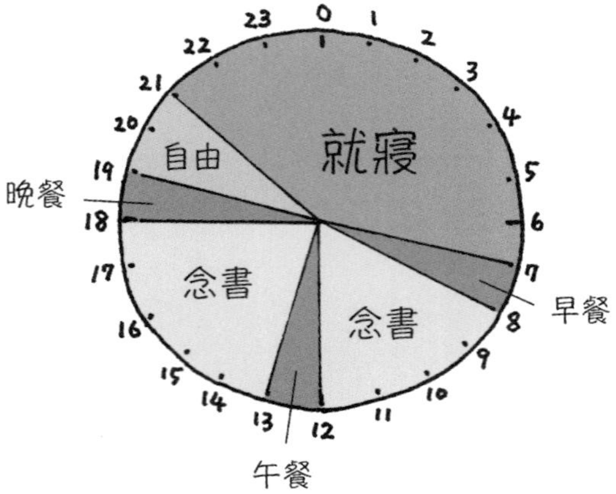

大人的時間表也一樣。不是做好後就感到滿足，而是要**以依照時間表來行動為目標**。

至於另一個理由則是，雖然我試著遵守，卻完全無法做到。請再看看前面的時間表。二十四小時都被排得滿滿滿，完全沒有任何「**餘裕**」。這裡所說的「餘裕」，不是指「遊手好閒的時間」，而是指能夠調整的備用時間，也就是所謂的「緩衝時間」。

人類不是機器，即使是預估一個小時以內就能完成的事情，實際操作起來也可能需要一．五小時或兩小時。

此外，與家人的行程可能會突然改變，原本計畫好的念書時間，可能會突然需要外出。用餐或洗澡也可能無法準時。

當這些非預期的情況發生時，如果沒有「餘裕」，就無法調整並彌補時間的誤差。

因此，在製作時間表時，請務必留下一些「**餘裕**」（**緩衝時間**）。

集中安排緩衝時間

人類具有一種傾向，那就是有多少時間就會用掉多少時間（這是帕金森定律〔Parkinson's Law〕）。因此如果將任務的預估時間增加到一．五倍或兩倍，最後這項任務還是有可能用掉所有的時間，導致工作效率低下。

此外，就像暑假作業一樣，人們往往會拖到最後一刻才繃緊神經開始進行，或者是展現懶散的一面，即使提早完成也會拖到最後一刻才交出。

這樣的行為無助於提高工作效率和速度。

因此，與其為每項任務分別安排緩衝時間，不如將緩衝時間集中安排在午休前或下班前時段（這就是所謂的 CCPM〔Critical Chain Project Management，關鍵鏈專案管理〕）。

這麼一來，即使有臨時插入的工作，也能透過減少緩衝時間來應對，不會大幅影響一天的計畫。

不過，緩衝時間不該全部用完。如果發現緩衝時間全部用完了，這代表時間的預估並不精確，所以緩衝時間應該採用「壓縮法」預估。

壓縮的程度取決於個人的狀況，如果經常有插隊的工作，或者因為有許多工作不熟悉而難以精確預估時間，導致完成時間總是拖長，那麼大約需要保留八〇%的緩衝時間。

反之，如果大多數工作可以自行決定，且幾乎沒有插隊的工作，那麼壓縮到〇至一〇%或許就已經足夠。附帶一提，我自己是將緩衝時間壓縮到五〇%。

集中安排緩衝時間

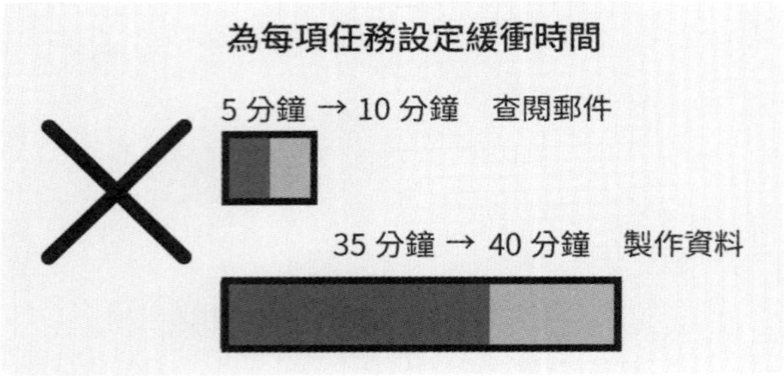

將任務所需時間預估為 1.5 倍，最後只會把所有時間用光（帕金森定律），導致工作效率低落。

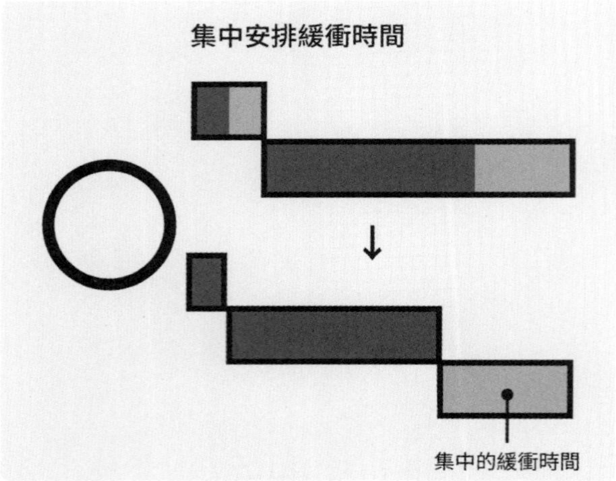

維持精確的時間預估，如果有插隊的工作，也可以使用緩衝時間應對！

09 爲所有工作設定「截止時間」

舉例來說，假設你必須將昨天參加的研討會寫成報告。

如果沒有其他緊急的工作需要處理，依照「帕金森第一定律」，你可能會以極低的效率進行這項作業，結果花了整整一天的時間才完成這份報告。

但如果你已經有其他行程，只有一個小時能夠撰寫報告，那麼你會發現自己也能在這段時間內寫完。而且一個小時內寫完的報告，甚至可能比花一整天完成的報告還要好。

為什麼會發生這樣的狀況呢？

這是因為，做好工作的關鍵不在於時間，而是在於「專注力」。

而提升專注力的重點就在於「截止時間」。

如果有截止時間，絕大多數的人都會盡可能遵守，因此會集中精神，想盡辦法在時間內完成。這麼一來，工作的進展就會飛快。

設定截止時間的效果不僅止於此。

如果能在自己設定的截止時間內完成工作，就會得到「太好了！辦到了！」的成就感與滿足感，因此自然會想要繼續保持，形成良性循環。

10 使用每日回顧表來製作時間表

到此為止，我們已經將任務列出、決定所需的時間並設定兩種截止日期，也說明了如何排定優先順序以及計算緩衝時間。

製作時間表基本上只需按照前面介紹的步驟進行即可，但接下來將以我目前使用的每日回顧表為例，具體說明操作方法。

當然，這個方法也可以應用在普通的手帳或筆記本上，請放心。

首先，請看我的每日回顧表使用的格式。

我會在一大早先填寫「今日行程」、「課題」以及「今天該做的事、想做的事」。其他部分屬於回顧這一天的項目，將在後面章節詳細介紹。

接下來，我將介紹製作時間表的具體步驟。

使用每日回顧表來製作時間表

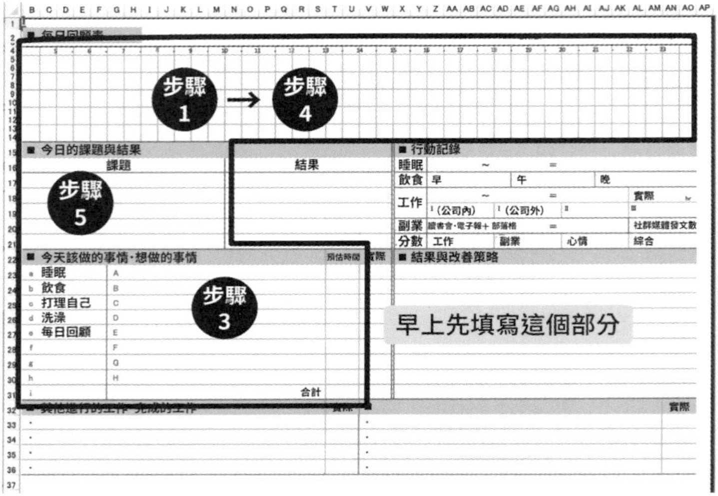

早上先填寫這個部分

製作時間表的步驟

① 寫下會議、討論等無法調整的行程。

② 確認今後一周的行程。

③ 寫下今天該做的事、想做的事，也寫下所需時間。

④ 將行程表空白的時段填滿。

⑤ 寫下今天的目標與課題。

① 寫下會議、討論等無法調整的行程

首先，請查看手帳或 Google 行事曆，將已經確定且無法調整的行程，如會議或討論等寫下。如果討論的地點不在公司，需要移動，也寫下移動時間。

「把手帳或 Google 行事曆的行程一一謄寫下來太麻煩了！」有些人也會這麼想吧！我自己也非常怕麻煩，會盡量避免一再做重複的事情，但特地把行程謄寫下來有兩個原因。

第一個原因是，謄寫的時候需要查看手帳或 Google 行事曆，因此可以**再次確認行程**。

如果不小心忘記了與他人的約定，將會失去信任，所以確認幾次都不嫌多。請當作是再次確認今天一整天的行程，將其謄寫下來。

第二個原因是，只不過是謄寫下來而已，不需要花太多腦力。

我覺得在一天的開始可以透過這樣的作業，給自己「現在開始工作！」的訊號，讓自己**切換成工作模式**，同時也能**讓大腦熱機**。

寫下無法調整的行程【步驟 1】

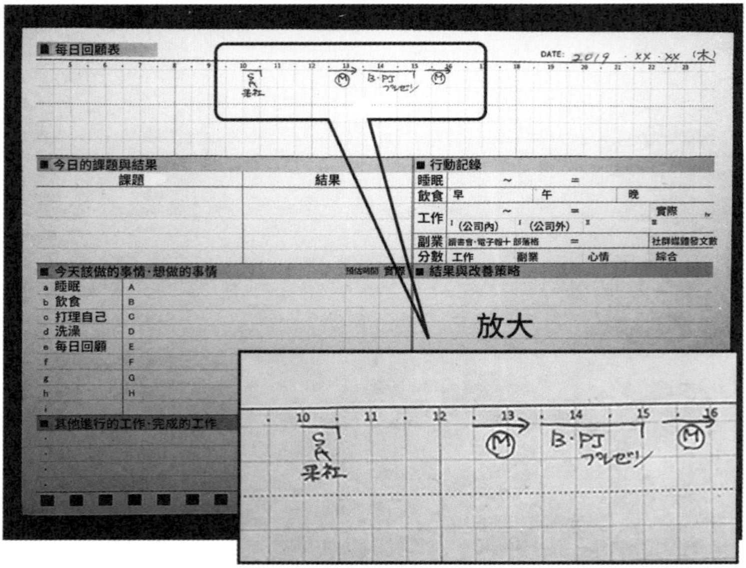

Ⓜ是移動時間的縮寫

用色規則

行程可依照以下的用色規則填寫

藍色：固定的工作行程

綠色：固定的私人行程

黑色：自己的作業計畫

②確認今後一周的行程

確認今天的固定行程並填入行程欄位後，接著就是確認今後一周的安排。尤其是在上班日尾聲的周四、周五，請務必確認下周的行程。因為有些任務如果到了下周才發現，可能會來不及完成。

千萬不要發生明明需要為周一早上九點的會議準備資料，卻在周一早上八點五十分才發現的情況。

稍微提前一點確認未來的行程，以確保今天能夠著手的事情、應該優先處理的事情能夠及早開始。

③寫下今天該做的事、想做的事

確認今後一周的行程後，請將任務清單中今天必須著手的重要事項也謄寫下來。

謄寫的時候請為每項任務標記英文字母作為代號。如此一來，謄寫進時間表時，只需要寫下字母即可，能夠節省時間與空間。而這個時候，也要寫下每項任務所需的時間。

而製作接下來介紹的時間表時，也可以和任務清單對照。不過，任務也與目標和課題一樣，如果不重新回顧可能會忘記。因此，最好寫在一天中會多次查看的每日回顧表中。

如果只用任務清單來管理任務，由於完成工作後也需要寫下發現、課題與改善方案，所以別忘記預留填寫反省事項的空間。

順帶一提，我通常是在早上的通勤電車中完成這項作業。因為搭電車時，從包包裡拿出手帳很麻煩，所以我會用手機查看今天的行程與任務管理App中輸入的任務，並將今天該做的事情寫在便利貼上。

接著在抵達公司後，立即將便利貼貼在紙本行事曆上「今日該做的事、想做的事」的欄位中。

「通勤時間只用來閱讀太浪費了。」

這個想法是我開始這麼做的契機。進行這樣的準備後，我一進公司就能立刻開始工作，而工作處理起來似乎也變得更快。

搭電車通勤期間固然是寶貴自由時間的一部分，但如果是五分鐘、十分鐘的話，用於工作也未嘗不可。

這麼做所產生的效果絕對會大於花費的時間，希望各位也嘗試看看，並親身體驗其效果。

④將行程表空白的時段填滿

我們在①已經填入包含移動時間在內，已經確定好且無法調整的行程。接著在②也確認了今後一周的行程，並在③列出了今天準備進行的事項，因此接下來就可以開始製作時間表了。

請重新查看行程表欄位，沒有和別人約好的部分應該是空白的。這裡請用③列出的任務填滿，也請不要忘記填入預備的時間（緩衝）。

⑤寫下今天的目標與課題

你可能會在每年的年底或年初設定今年的目標，但如果你發現這些目標很少實現，請讓我提出一個問題。

你會反覆回顧這項目標嗎？

詳情會在第六章進一步介紹，但夢想與目標如果只是寫下來並不會實現，需要一次又一次地回顧。

每天的目標與課題也一樣。

如果只是在腦中想著「希望今天能有這樣的成果」，是難以實現的。等到了中午，甚至可能連設定了什麼樣的目標都忘記。

為了避免發生這種情況，必須確實將目標可視化。

想做的事清單【步驟 3】

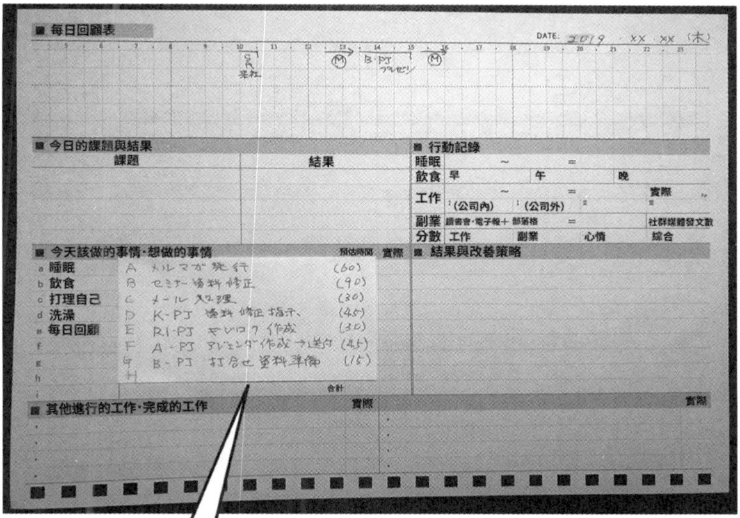

我也經常在早上搭電車通勤時，把想到的事寫在便利貼上。寫完之後，再直接將便利貼貼進手帳裡。

填滿空白的時段【步驟 4】

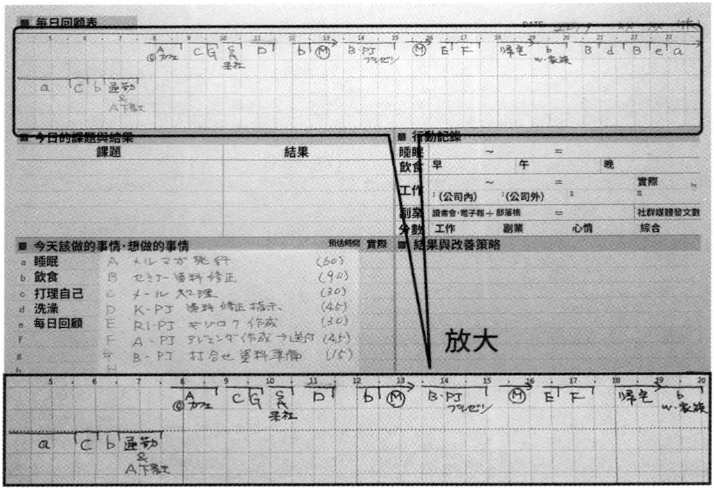

寫下今天的目標與課題【步驟 5】

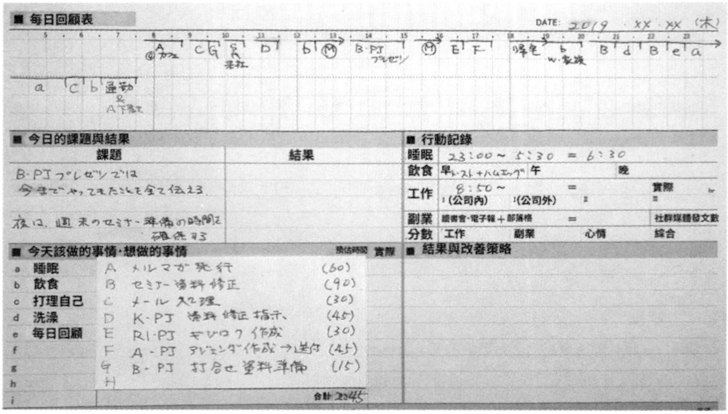

11 設定製作時間表的時機

我基本上一進公司就會立刻製作時間表。

不過，如果前一天工作外出後直接回家，第二天到公司就會先處理未讀的郵件，如果有自己必須處理的任務、當天必須解決的事項等，就會以手寫方式添加到清單上，而後才製作時間表。

因為如果先製作時間表再確認郵件，當郵件中出現今天必須處理的任務時，就必須重新安排行程，這樣會導致要重複執行。

此外，如果沒有先讀郵件就根據早上製作的時間表行動，可能會錯過緊急且重要的委託，如此一來就無法確保處理這項任務的時間。為了避免這種情形，我會先處理未讀郵件後再製作時間表。

以上介紹了我製作時間表的時機，但這個時機可能會隨著不同的行業與工作性質而改變，所以請多加嘗試，找出最適合自己的時機。

何時製作時間表呢？

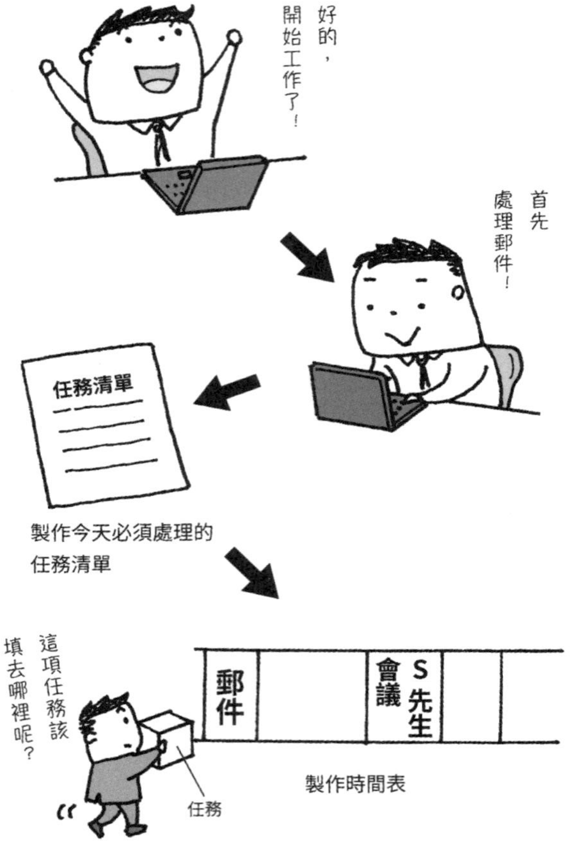
好的，開始工作了！
首先處理郵件！
任務清單
製作今天必須處理的任務清單
這項任務該填去哪裡呢？
郵件
會議
S先生
任務
製作時間表

12 養成每天早上製作時間表的習慣

為什麼要花時間製作時間表呢？因為在製作時間表的過程中，能夠透過想像這一天的流程，讓工作更順利進行。

有人說：「事物皆被創造兩次。第一次是在人的腦中，第二次是實際製作。」例如建造房屋時會先畫好設計圖，再實際展開建設。

一天中的工作也是如此。

首先在腦海中想像一天的工作流程，而後才著手行動，如此一來，在過程中就比較不容易遇到困難，能夠穩定進行。著手進行的時候，就能像是已經做過一次一樣，讓正式作業更加順利。

「今天處理完郵件後要寫◯◯的報告書，然後打電話給╳╳先生。下午有△△的討論，所以要準備資料……」

請像這樣養成每天早上花五分鐘時間掌握一天工作流程的習慣。只要確定了流程並照著進行，工作就能有良好的效率。

因此，製作完時間表後，請在腦海中模擬今天一整天的工作。

第 4 章

將行動可視化

01 爲什麼要將行動可視化？

本書的開頭已經提到過，可視化就是「寫下來」。所以「將行動可視化」就是記錄自己的行動，將從幾點到幾點做了什麼具體留下記錄。

為什麼需要記錄下來呢？

因為當我們準備改變、想要改變、改善的時候，首先要做的就是了解現狀。

舉例來說，想要減肥的時候，第一件該做的事就是站上體重計，了解目前的體重，以及掌握每天吃什麼、做多少運動等現狀。

如果想要省錢，則需要知道在什麼時候、從哪裡進帳多少，還有將多少錢花在什麼地方。所以最好將帳目記錄下來。

時間也一樣。

「我想要比現在更有效率地運用時間。」

「不只工作，其他各種事情都想要更有效率地完成。」

如果這麼想，就需要先了解現狀，就和體重與金錢一樣。為了達到這個目的，需要將所有時間記錄下來，換句話說就是**為時間記帳**。

「這種事情即使不寫下來我也大概記得！」

或許也有人會這麼想吧？

但這個「大概」就是陷阱。人如果不記錄下來，往往會朝著有利於自己的方向解釋或記憶。如果依賴這種「模糊」的行動記憶，就無法確實改善。

因此，為了更清楚地了解自己，請將自己的行動記錄下來，進行可視化。

本章將介紹記錄的方法，以及如何回顧這些記錄並在今後運用。

02

記錄所有行動

我開始記錄各種事情的契機，可以追溯到三十多年前，當我升上大學並開始獨自生活的時候。

當時的我，靠著父母匯來的生活費和獎學金生活。

但不知為何，錢總是存不下來。

「這個月進帳了〇〇元，現在手頭上只剩下△△元，也就是說花了╳╳元，但到底花在哪裡呢？」

即使我試圖回憶，也不可能全部回想起來，幾乎每個月都會有數千元的不明支出。

這種情況反覆發生，想不起來的事情可能會逐漸成為壓力。

「既然不可能記住，那就全部寫下來吧！」

於是我開始記帳（雖然只是記零用錢的程度），而根據我的記憶，這就是我開始記錄各種事情的契機。

自此之後，我每天都在大學的筆記本上記錄自己把多少錢花在哪裡，並計算進帳的錢、花掉的錢和手邊留下的錢是否對得上，單位精確到一元，而這個習慣一直持續至今。

關於時間，我則是從二〇一一年八月開始將幾點到幾點做些什麼記錄下來，二十四小時三百六十五天完全不遺漏，而開始記錄時間的契機，就和記錄金錢完全相同。

「幾點到幾點做了什麼呢？」

我試圖回憶卻想不起來。這成為我的壓力，所以我決定開始記錄。

除此之外，我每天早晚都會測量體重和體脂肪率，使用 Excel 記錄並繪製成圖表，這個習慣持續了大約七年。每天早、中、晚的飲食也都全部記錄下來。

另外，雖然現在已經不這麼做了，但我也曾寫過閱讀記錄，那時候除了書名之外，我還會記錄讀了哪本書的第幾頁到第幾頁，當天讀了幾頁，並使用 Excel 記錄下來。

就這樣，我持續記錄各種事情，但在這本書中，我將專注於「時間」，探討如何記錄時間的運用方式。

爲什麼需要記錄呢？

我開始記錄的契機是「想不起來的事情成為壓力」，所以持續記錄的理由，有一部分也是希望「讓自己從想不起來的壓力中解放」。

但這麼一來也只是消除負面因素，而真正讓我持續記錄的理由則是記錄能帶來更大好處。

記錄有許多好處，就如同接下來的介紹。而運用這些好處，可以獲得更大的效益。

那麼，記錄有哪些具體的好處呢？接下來就讓我一一介紹吧！

記錄行動的好處

帳本
咦，這邊應該是浪費掉的吧……

飲食記錄
吃太多零食了……

記錄的好處

- 消除想不起來的壓力。
- 消除多餘的行動。
- 能夠正確記憶。

時間就和帳目一樣，值得記錄下來！

03 記錄能使人意識到浪費

消除想不起來的壓力

首先要介紹的好處是，如同我先前所說，記錄能夠「消除想不起來的壓力」，但想不起來的事情不只會成為壓力。

就像尋找物品所花費的時間一樣，試圖回想也是在浪費時間。如果事先記錄下來，就能省去這些時間，也能讓時間更有效率地利用。

消除多餘的行動

岡田斗司夫的暢銷書《別為多出來的體重抓狂》（いつまでもデブと思うなよ）中，介紹了一種名為「記錄減肥法」的方法，即記錄自己吃過的所有食物，並證實這種方法效果顯著。

此外，我也聽說過記帳可以減少不必要的支出，進而節省開支。

當我們決定「記錄所有事情」並將自己的行動寫下來進行可視化後，就會重新具體意識到「這是一種浪費」。當我們決定「記錄」並實際開始進行後，就能夠主動減少多餘的行動。

畢竟誰也不願意在家計簿上寫「打柏青哥，虧了三萬元」，或是「在便利商店買零食，花了兩千元」之類的吧！時間也是同樣的道理，應該不會有人想記錄「上網，兩小時」或是「玩遊戲，一小時」等。

因為不想記錄這些行為，自然就會減少自己認為不好的行為。

確實，記錄既耗時又麻煩。

但我知道記錄能夠**有效地抑制這類無法帶來成果的無謂行動**，所以至今仍持續記錄自己的所有行動。

能夠正確記憶

如果沒有記錄，人們往往會從有利於自己的角度來解釋或記憶。

舉例來說，如果是學習這類自己認為有益的行為，就會感覺自己花了比實際更長的時間。反之，像是「看了多久的電視？」或「上網幾個小時？」這些自己也覺得不太好的行為，就會覺得所花的時間比實際更短。

就像想減重的人如果不量體重，就算表示「我覺得自己瘦了」，也無法確定體重是否真的減輕。為了確認體重是否真的減輕，就必須站上體重計。同樣地，為了正確掌握時間，就需要確實記錄。

了解作業所需的時間

當我們開始記錄自己的行動後，像是製作定期會議的會議記錄、計算交通費、報銷經費等不斷重複的作業，需要的時間就會變得更明確。如果了解這些作業需要多長時間，那麼在下次需要處理相同作業時，就能預測所需的時間了。

更容易制定計畫

如果能夠預測時間，制定計畫就會變得容易許多。

以搭乘電車從新宿到羽田機場為例，從新宿搭山手線到濱松町需要三十分鐘，從濱松町搭單軌電車到羽田機場則需要二十五分鐘，電車幾乎不會延誤，所以能夠輕易預測包含轉乘時間在內，大約六十分鐘就能抵達。

但如果選擇搭乘利木津巴士呢？

利木津巴士的時刻表上寫著「所需時間二十五分鐘」。

這麼一來，預估三十分鐘應該沒問題吧？

我可能比較謹慎，因為路上有時會塞車，如果遇到塞車就不知道需要多少時間了，所以我會估雙倍的時間，大約六十分鐘。

哪一種交通方式更有利於制定計畫，答案顯而易見。

當然是時間準確的電車。這個道理同樣適用於自己每天的行動，知道所需時間，制定計畫就會更容易，同理可證。

04 透過行動記錄找出黃金時段

為了高效率地處理工作，就無法忽略**時間的品質**。雖然每個人的一天都同樣有二十四小時，但時間的品質卻有高有低。

當到了傍晚，疲勞累積、專注力下降，這時候還能高效率完成工作嗎？這時的狀態應該與剛到公司並做好準備，告訴自己：「好了，現在開始上工！」的時候不一樣。

本書將能夠發揮高效能的時段稱為「**黃金時段**」，在這段時間內，專注處理「重要的工作」或是「需要專注力的工作」相當重要。

這麼一來，就能大幅提升處理速度，因此，請找出自己的「黃金時段」並善加利用。

如何找出黃金時段

記錄，也就是可視化，有助於找出自己的黃金時段。

請試著分析沒有開會、外出等事件的普通工作日。

「現在能夠專注工作。」

「現在狀態絕佳。」

「現在有點累了。」

「現在非常累，思考能力下降了。」

「現在大腦幾乎無法運作。」

請像這樣，一邊照常工作，一邊隨時檢查自己處在什麼樣的狀態，並記錄在筆記本上。

重複幾天像這樣的覺察後，應該就能找出自己的黃金時段，例如是在早晨狀態最好，還是在簡單作業後大腦開始運轉的上午十點左右，又或者是夜型人，下午三、四點才會進入狀態等。

了解自己的行動模式

為了找出自己的黃金時段，在記錄並確認自己的行動後，你可能會發現一些與時間點無關的作業效率差異，例如：

「上午可以專注工作，但午餐後過了◯分鐘就會開始想睡覺。」

「專注力只能持續◯分鐘。」

「喜歡◯◯作業，所以無論做多久效率都不會下降，也不會想睡覺。」

「這個時段通常會想睡覺或者因為疲勞而效率低落，但這次的專注力卻沒有中斷。」

這可能只是因為當天的狀態碰巧特別好，也可能是因為當時正在進行的作業造成這樣的差異。如果發現了這種效率不會降低的工作，下次請在效率經常降低的時段安排這項作業。

如果在其他日子進行這項作業時，效率依然不會降低，那麼這很可能就是你在任何時候都能高效完成的作業。這樣的作業對於有效運用時間非常有幫助，所以請務必找出來。

只要記錄就能知道黃金時段

＜舉個例子＞

作業型任務

○ 13：00～14：00
因為會活動身體，所以進行的時候不會想睡覺！

✕ 16：00～18：00
效率因為疲倦而變得很差！

思考型任務

○ 10：00～12：00
這個時段頭腦特別清醒！

✕ 13：00～14：00
午餐後會想睡覺！

邊工作邊記錄自己的狀態，就能知道自己的黃金時段！

05

制定適合自己的行程表

只要了解自己的黃金時段和行動模式，就能依此制定時間計畫。那麼計畫該如何制定呢？接下來就以我自己為例來具體說明。

我的黃金時段在上午。我一進公司就能立刻集中精神，而且這種狀態能夠持續整個上午。

然而，午餐後大約下午兩點左右，我有時會開始想睡覺。接著到了下午四點以後，頭腦會變得疲憊，專注力也逐漸下滑。

至於無論什麼時候進行，我都能保持專注並持續數小時的工作是使用Excel進行計算或繪製圖表，以及用CAD（Computer Aided Design，電腦輔助設計）畫設計圖。

因此當我製作時間表時，我會優先在早上的黃金時段安排需要一段完整時間且要求專注力的作業，例如製作客戶要求的資料，或是為後輩和外包單位製作指示的資料。

如果這些工作不足以填滿整個上午，我會接著安排其他重要且需要專注處理的工作。

至於有時會遭遇睡魔襲擊的午餐過後，以及頭腦開始疲憊的傍晚，我會安排那些無論何時都能保持專注力並且能夠持續數小時的 Excel 作業和 CAD 製圖。

這麼一來，就能整天維持工作效率，專注完成任務。

因此，為了一整天都能有效率地工作，了解自己的黃金時段和行動模式非常重要。

06 使用筆記本的行動記錄法

接下來以我目前採取的筆記方法為例，介紹記錄行動的方法。

我現在使用的是在A5方格筆記本上畫了五條直線的自製格式。

我一開始是在市售筆記本上手動畫線，但重複多次之後覺得麻煩，所以乾脆用Excel製作格式，並將其列印在筆記本上使用。

開始作業之前，首先在筆記本左欄寫下開始時間，右側寫下即將開始的作業名稱，再往右寫下預計幾分鐘完成（①~③）。

這麼做的目的是在向自己宣告：「這項作業要在○○分鐘內完成！」藉由設定目標促使作業加速處理。

接著在完成該項工作後，於①的欄位記下結束時間，並在③的旁邊寫下實際花費的時間（④）。

使用筆記本的行動記錄法

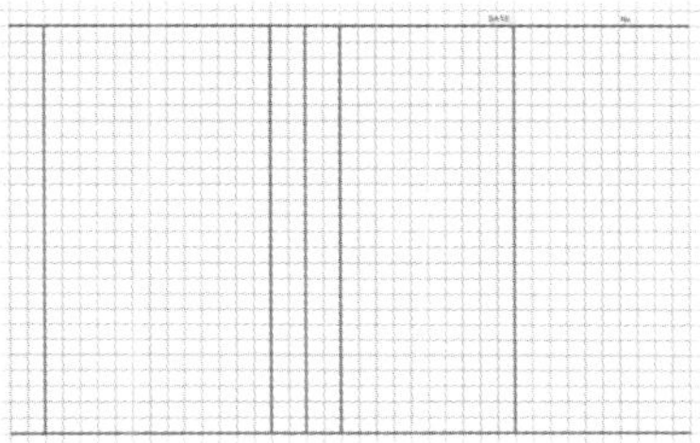

使用在 A5 方格筆記本上
如左圖般畫 5 條直線的
自製格式

在 Excel 製作格式
並列印在筆記本上使用

填寫範例

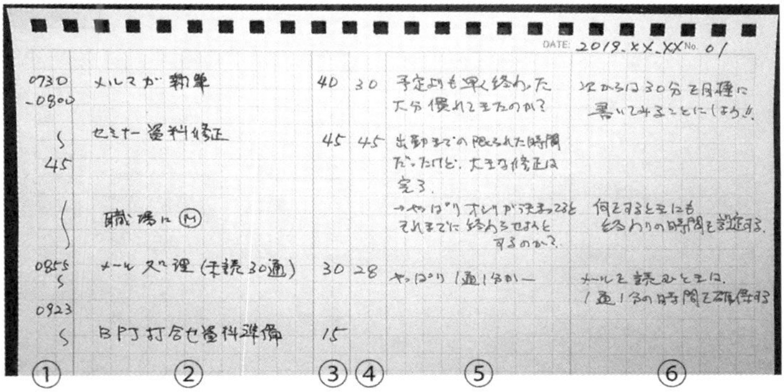

填寫方式的規則

1．①寫下開始時間，②寫下即將展開的作業內容，③寫下預計進行的時間。
2．如果作業時有什麼想法或發現，寫在⑤。
3．作業結束後，在①寫下結束時間，④寫下花費的時間。
4．將作業結束後的發現與感想寫在⑤。
5．順利的時候，請思考該怎麼做才能更順利；不順利的時候，請思考該怎麼做才能順利，並將可以應用在下次作業的改善方案寫在⑥。

接下來將作業中的發現與反省寫在⑤的欄位，例如：

⊙剛才進行的作業是否如預期般完成。

⊙如果沒有完成，原因是什麼。

⊙是否有臨時插入的作業。

⊙是否出現了預料之外的作業。

⊙如果出現了，是什麼樣的作業等。

接著將從⑤的發現中得到的課題、解決方案、成功經驗以及今後也想繼續保持的事項，立即記錄在⑥的欄位。

⑤和⑥的作業，應在每次任務結束後就立即完成。

如果想著「稍後再寫」，當真正要寫的時候，可能已經想不起來作業中發現的事情，甚至連寫下記錄這件事本身都忘記。

尤其人們傾向立刻遺忘不愉快的經歷，如果拖到之後再寫，絕對不會記得。

本書的開頭提過，而在這裡也一樣，「立刻寫下來」非常重要。

為了能夠立刻寫下來，記錄行動用的筆記本也要和時間表一樣，隨時攤開放在桌面上。

這本筆記本不是給別人看的，因此什麼都可以寫。請將感受到的一切事物如實記錄。我有時也會寫「某某人說的某句話讓我很生氣！」之類的。

這些記錄在晚上回顧時都會成為重要資訊，因此請頻繁記錄。

筆記本也攤開來放在桌上

手帳（每日回顧表）和筆記本
都攤開放在桌面上，
以便隨時記錄。

07

將預定行程與實際結果並列比較

在筆記本寫下記錄與心得後，在行程表欄位下方畫出實際結果的時間軸。

如果進行了任務清單中沒有列出（沒有標記代號）的工作，則將其記錄在「其他進行的工作．完成的工作」欄位，並標上代號，接著就和預定行程一樣，在行程表欄位下方以代號方式記錄。

這時，我會用紅色標記與工作成果相關的作業，用藍色標記報銷經費或交通費等與工作成果無關的作業。

至於早、晚、午休、周末等私人時間的行動也一樣，與成果有關的作業用橘色畫線，無關的作業則用綠色畫線。

如此一來，就能知道作業是否如預期般完成、是否進行了與成果有關的作業，或者只進行了瑣碎作業等，包含作業的平衡狀況都一目了然。

將預定行程與實績並列比較

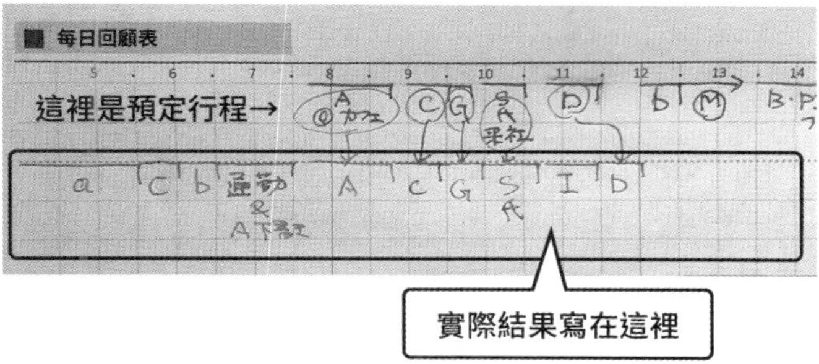
每日回顧表
這裡是預定行程→
實際結果寫在這裡

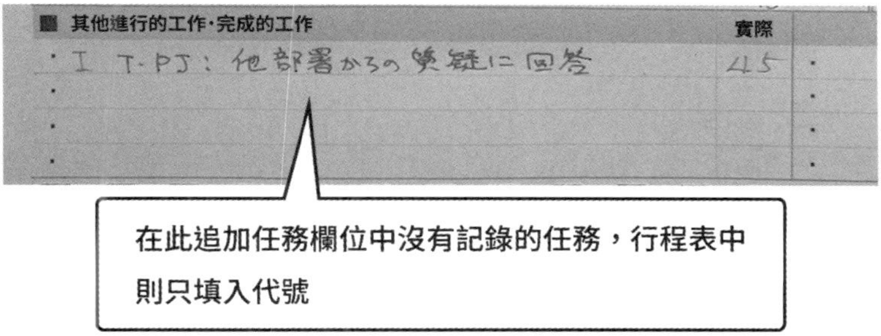
其他進行的工作‧完成的工作
實際
在此追加任務欄位中沒有記錄的任務，行程表中則只填入代號

用色規則

結果依照下列用色規則填寫：

紅色：與成果有關的工作。

藍色：與成果無關的工作。

橙色：與成果有關的私人作業。

綠色：與成果無關的私人作業。

08 回顧並可視化

到此為止已經介紹了記錄自己行動的方法，但其目的不只是為過去的行動留下記錄。

重要的是，從這些記錄中能夠**得到許多發現**，並找到將其運用在未來的方法，**進行改善與嘗試**。

既然都花時間把行動記錄下來了，就該回顧這些記錄並在日後運用，否則這些時間就會被浪費掉，那就太可惜了。

唯有將記錄運用到未來，記錄的時間才能成為一種**投資**。

接下來，將介紹如何回顧所記錄的內容，並將其應用於明天的方法。

回顧的目的

具體介紹回顧方法之前，先讓我們確認一下回顧的目的。

說到回顧，人們往往會以為是要回顧過去，但這並不是真正的目的。最重要的是藉此「**了解自己**」，以及「**決定接下來該怎麼做**」。接著就讓我們分別詳細來看。

了解自己

首先，「了解自己」指的是了解在第04項（第138頁）中提到的黃金時段和行動模式，這一點非常重要。因為如果不了解自己，就無法充分發揮自己的潛力。

舉例來說，假設你是一名操縱機器人的駕駛員，身為駕駛員，如果不知道自己操縱的機器人所擁有的武器、能力和特徵，就不可能發揮其應有的能力。

右手是抬起還是放下？是否有哪裡受到損傷？能量是充足的還是即將耗

盡……如果不了解這些就無法進行戰鬥。

人也一樣。我們的身體就像是機器人，而操縱這架機器人的駕駛員就是自己。

喜歡什麼、擅長什麼、想做什麼、討厭什麼、需要多少睡眠時間、擁有什麼價值觀……為了深入了解並有效發揮自己的能力，就需要定期回顧。

決定接下來該怎麼做

另一個目的是「決定接下來該怎麼做」。重要的是，**根據過去的經驗決定未來的行動方向**，例如需要改變什麼、該如何改變。

整理出順利的事情、不順利的事情。思考如何讓順利的事情繼續保持，或者更加順利。至於不順利的事情，則思考如何改進和解決，以使其能夠順利進行。至於如果做出了不理想的行為，則思考如何減少或停止。

確認好自己當前的位置，確定該往哪個方向前進再開始行動。將過去的經歷作為改變未來的基礎，這就是進行回顧的目的。

記錄行動的好處

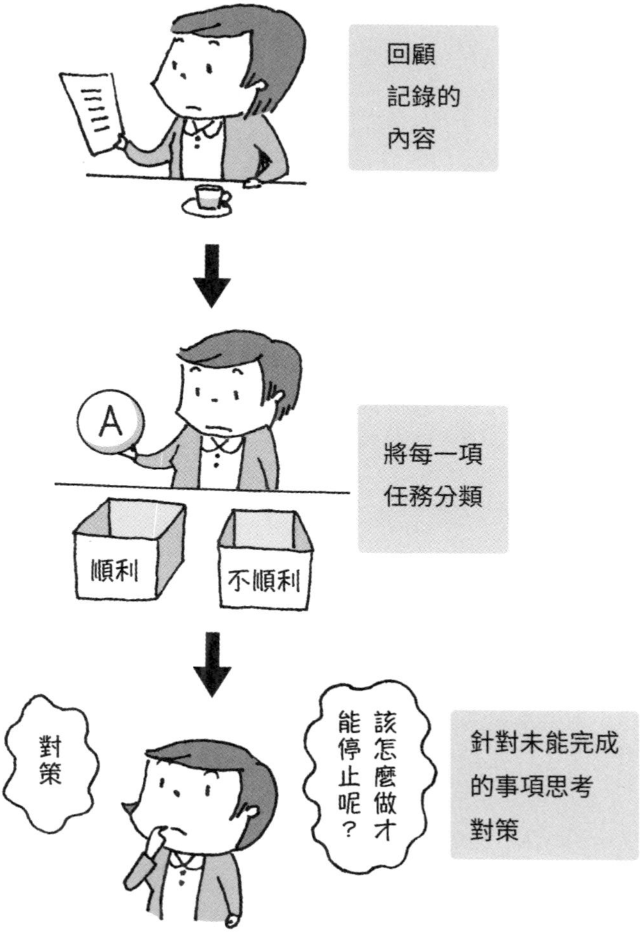
回顧
記錄的
內容
A
將每一項
任務分類
順利
不順利
對策
該怎麼做才能停止呢？
針對未能完成
的事項思考
對策

09 保留回顧的時間

回顧的頻率

回顧應該每天、每周、每月、每季、每半年和每年定期進行。

首先確定回顧的時間，寫進行事曆，並將其視為與自己的約定，預先保留時間。

回顧的間隔愈短愈容易修正偏差，所以與其每周花一小時回顧一次，每天只花五分鐘的效果會更好。

回顧就像開車一樣，如果是熟悉的道路，在前往目的地的過程中並不會遲疑，但如果是第一次去的地方，就需要使用導航系統，並且頻繁地確認是否走錯路。

回顧的目的也是如此，進行回顧就是為了確認是否朝著正確的方向前進。因此，不要說每天回顧了，甚至每次完成任務後都回顧也可以，盡量頻繁地回顧並將發現記錄下來。

頻繁回顧

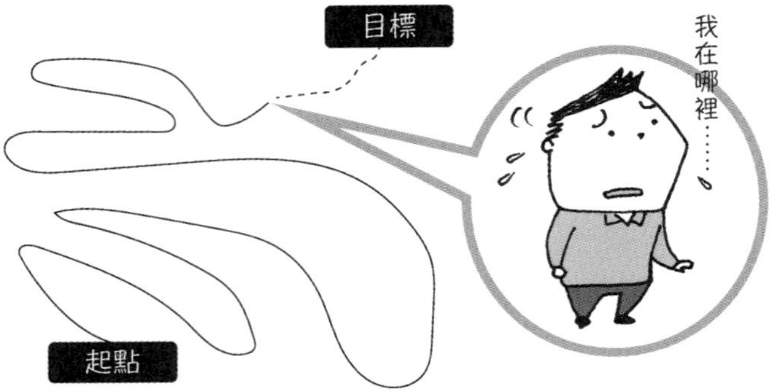

如果長時間都沒有回顧，誤差就會變大。

短時間內回顧就能立刻調整。

10 回顧項目也要不斷改善

如果確定回顧的項目，並將其格式化，那麼每次的誤差都會縮小，而且也不必花時間考慮要寫什麼，可以立即著手進行。

此外，如同先前的介紹，人看到空白就會想要填滿，所以這麼做也能幫助發現沒有格式就會忽略的微小變化，並且記錄下來。

因此，請至少確定必須回顧的項目。

另外，回顧的項目與格式並非制定之後就不需調整，還需要定期確認這些內容是否具有效果。

至於判斷沒有效果的項目，記錄只是浪費時間，請將其刪除。反之，如果發現最好加上的項目，也可以嘗試追加，並確認效果的有無。

請務必注意定期檢視回顧項目，並隨時改善。

製作自己的格式

決定回顧
的項目

製作 Excel
的格式

參考 P.159 與 P.160

列印
出來使用

我使用的格式（每日回顧表）

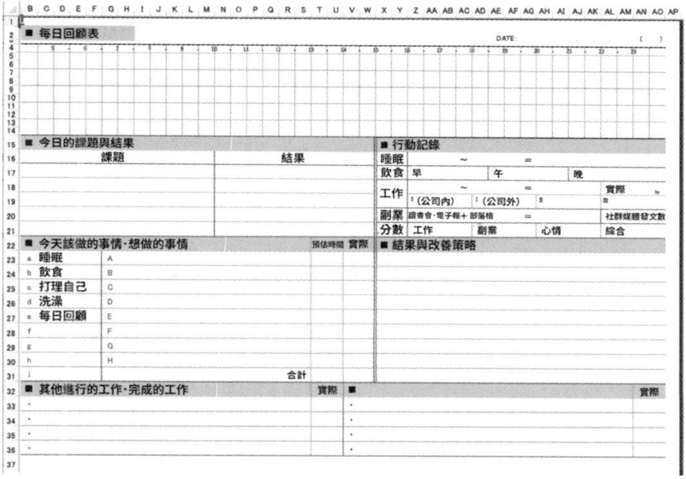

■ 每日回顧表　DATE:　　.　.　(　)

■ 今日的課題與結果

課題	結果

■ 行動記錄

睡眠　～　＝

飲食　早　午　晚

工作　～　＝　實際 hr
(公司內)　(公司外)

副業　讀書會·電子報＋部落格　＝　社群媒體發文數

分數　工作　副業　心情　綜合

■ 今天該做的事情·想做的事情　預估時間　實際

a 睡眠　A
b 飲食　B
c 打理自己　C
d 洗澡　D
e 每日回顧　E
f　F
g　G
h　H
i
合計

■ 結果與改善策略

■ 其他進行的工作·完成的工作　實際　■　實際

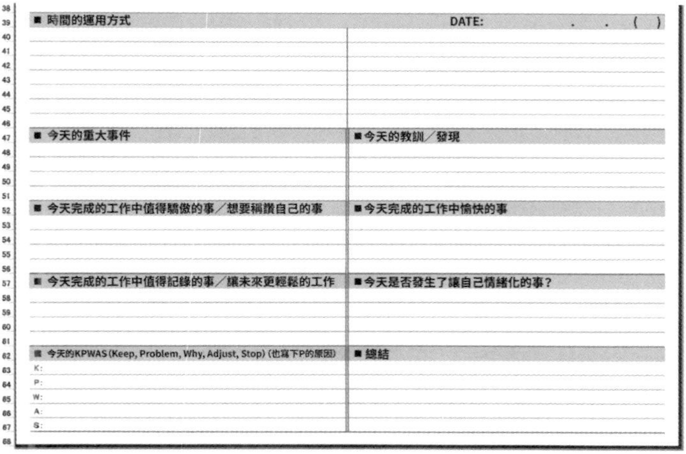

■ 時間的運用方式　DATE:　.　.　(　)

■ 今天的重大事件

■ 今天的教訓／發現

■ 今天完成的工作中值得驕傲的事／想要稱讚自己的事

■ 今天完成的工作中愉快的事

■ 今天完成的工作中值得記錄的事／讓未來更輕鬆的工作

■ 今天是否發生了讓自己情緒化的事？

■ 今天的KPWAS (Keep, Problem, Why, Adjust, Stop)（也寫下P的原因）

K:
P:
W:
A:
S:

■ 總結

我使用的格式（每周回顧表）

■ 每周回顧表
填寫
■ 本周的目標：
結果：
■ 上周進行的工作中，本周也想持續做什麼？／該如何才能做到？
■ 本周想停止或減少的事情／該如何才能做到？
■ 本周必做的事情／該如何才能做到？
■ 為了解決上周發生的問題該怎麼做？／該如何才能做到？
■ 想增加的事情／該如何才能做到？
■ 做什麼才會更愉快？／該如何才能做到？
■ 其他課題・目標

■ 本周回顧
■ 本周重大事件TOP5
■ 本周完成的工作中愉快的事
■ 本周的教訓／發現
■ 本周完成的工作中值得記錄的事／讓未來更輕鬆的工作
■ 本周完成的工作中值得驕傲的事／想要稱讚自己的事
■ 本周的KPWAS (Keep, Problem, Why, Adjust, Stop)（也寫下P的原因）
■ 總結

11 在行程表的空白欄位記錄實際結果

接下來我將會以我所使用的每日回顧表為例，介紹具體的回顧方法，說明我每天會回顧哪些內容，以及如何記錄。

首先，行程欄位的實績欄位中如果有未填寫的部分，請對照筆記本中的記錄，將實際結果填上。

我基本上每完成一項工作就會記錄下來。

但有時也會因為連續開會或連續工作而忘記。

這種時候，我就會根據筆記本上所寫的記錄將空白填滿。

畢竟為了檢驗時間的使用情況，將預定行程與實際結果並列記錄最清楚。

在行程表的空白欄位記錄實際結果

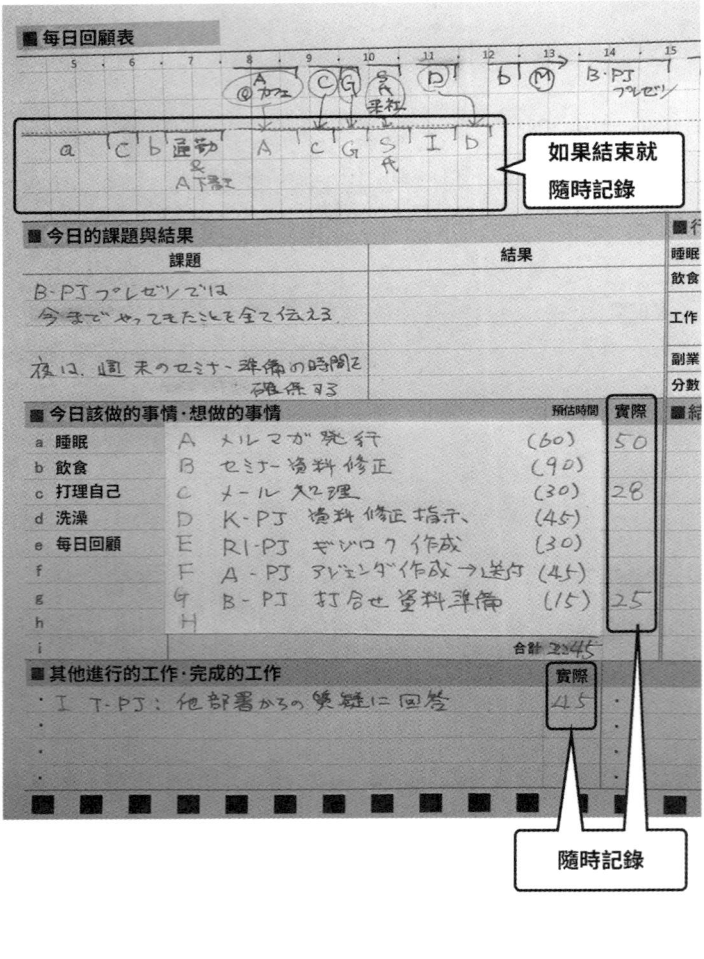

12

在生活記錄管理App輸入實績

我會在筆記本中記錄從何時到何時進行了什麼活動，同時，為了方便每日、每周、每月進行統計，我也會使用名為MyStats的生活記錄管理App來記錄時間的使用情況。

這時基本上也是每完成一項工作就會在應用程式中輸入一次，但如果有遺漏，就會根據筆記本進行補充。

雖然在回顧時，可以根據筆記本中的記錄進行統計，但因為這是每天的作業，每次都要人力計算太麻煩，所以使用App來輔助。

此外，輸入這個App中的數據可以輸出成CSV檔案，因此用Excel統計也很容易。所以在進行之後將介紹的每周回顧時，可以統計使用於工作、睡眠、家庭等的時間，並確認是否達到預期目標。

使用生活記錄管理 App 輸入實績

生活記錄管理 App MyStats 的使用方法

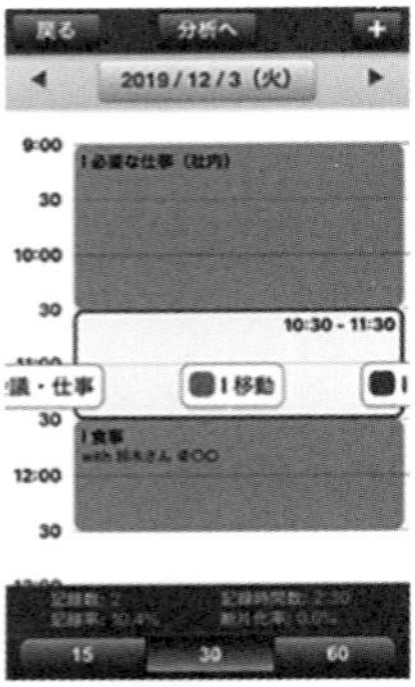

資料記錄畫面1

長按開始時刻進行選取，直接用手指滑動到結束時刻，接著按右上角的「+」按鈕。

資料記錄畫面2

從「活動」選擇自己做了什麼。也可以記錄備忘。

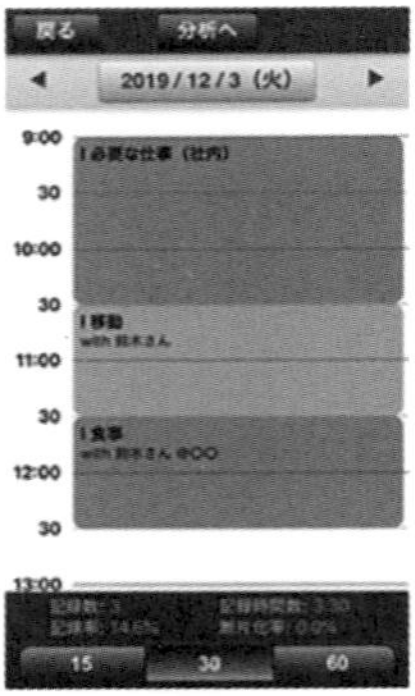

輸入完成！

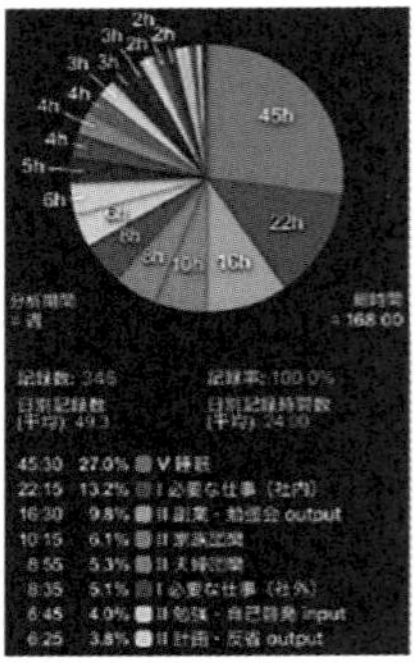

資料統計畫面

可以統計日·周·月·任意期間的活動，因此花多少時間在什麼活動、是否將時間使用在重要行動等一目了然。

想要更詳細了解的讀者，請參考 MyStats 官方網站 http://www.mystats.net/eng/，或是搜尋「MyStats」就會出現介紹使用方法等部落格文章，也請參考看看。

13 在待辦事項清單中記錄實績與回顧

針對今天該做的事情．想做的事情清單中的每個項目，都記錄實際花費的時間，並確認是否在預定時間內完成。

如果未能完成，則在「結果與改善策略」欄位中寫下：「為什麼未能完成，如何才能完成？」

此外，即使在預定時間內完成，也應該思考：「有沒有更好的方法？」如果想到更好的方法，就將其記錄下來。

前面提到，回顧的目的是「整理順利和不順利的事情，思考如何讓順利的事情更順利，至於不順利的事情，則思考對策及改善方案」，而具體方法就是像這樣進行記錄。

在待辦事項清單中記錄實績與回顧

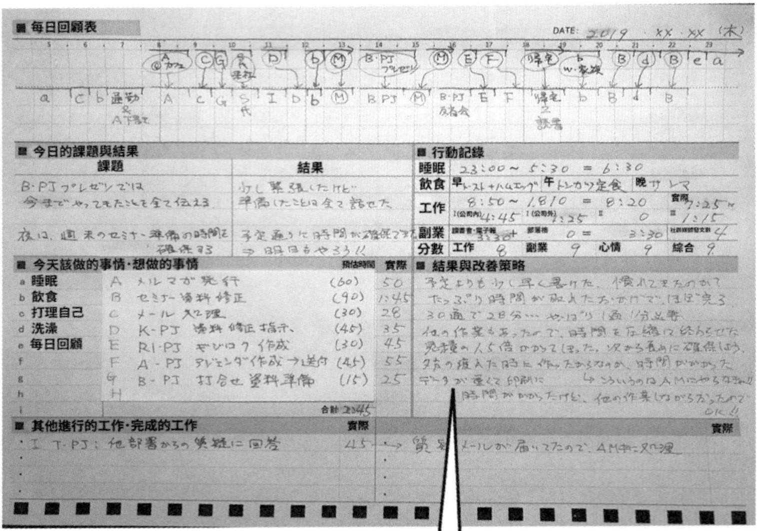

為什麼未能完成？

該如何才能完成？

有沒有更好的方法？

……，寫下改善策略。

14 在行動記錄欄位中記錄

接著在行動記錄欄位中記錄以下內容：

⊙睡眠時間：從幾點睡到幾點。
⊙飲食：早餐、午餐、晚餐各吃了什麼。
⊙工作時間：從幾點工作到幾點。
⊙副業：準備讀書會、撰寫電子報和部落格等所花費的時間。
⊙社群媒體發文數：Facebook 或 Twitter 等的發文數量。

而關於工作時間，在輸入前述的 MyStats App時，我會將其分為在公司內進行重要且緊急的I類工作、在公司外進行的I類工作、不緊急但重要且對未來有影響的II類工作，以及雖然不那麼重要，但必須緊急處理的III類

分成 4 個象限

	緊急	不緊急
重要	**第 I 類** 即將截止的工作、任務 製作即將使用的會議資料 處理客訴 危機、災害、事故、疾病 修理壞掉的機器	**第 II 類** 建立人際關係 學習與自我啟發 培養體力 準備與計畫 透過適度的休息喘口氣
不重要	**第 III 類** 參加不重要的會議 處理無意義的電話與郵件 應付突如其來的訪客 許多報告 無意義的接待與應酬	**第 IV 類** 製作誰也不讀的報告 上網亂逛 長時間的社群媒體 打發時間 長時間、過多的休息

第 I 類：緊急且重要

第 II 類：不緊急卻重要

第 III 類：緊急但不重要

第 IV 類：不緊急也不重要

工作，因此在這裡也依照這樣的分類記錄時間。

我之所以將工作分成四類，是為了盡量減少III類的工作，並增加花在I類或II類工作的時間。

此外，工作欄位有一欄是「實際」，因為即使是上班時間，也可能會發生提早外出吃午餐、上廁所、與同事閒聊等情況。

這些時間都會被記錄為非工作時間，因此從工作時間中扣除這些時間後的實際工作時間就記錄在這裡。

這裡介紹了我記錄的項目，但請你替換成自己希望持續確認的項目。

詳細確認時間的使用情況

在回顧一天的行動並填寫於行動記錄欄位後，需要更進一步詳細確認時間的分配。

具體來說，就是MyStats App的輸入項目中也設有其他I、其他II、其他III的欄位，請確認MyStats App的備忘錄中輸入的內容與筆記，分別將具體做了什麼、花了多少時間輸入這些欄位。至於學習與副業也是一樣，請確認做了什麼以及花了多少時間，並將這些內容記錄在這個欄位中。

確認並記錄時間的使用情況

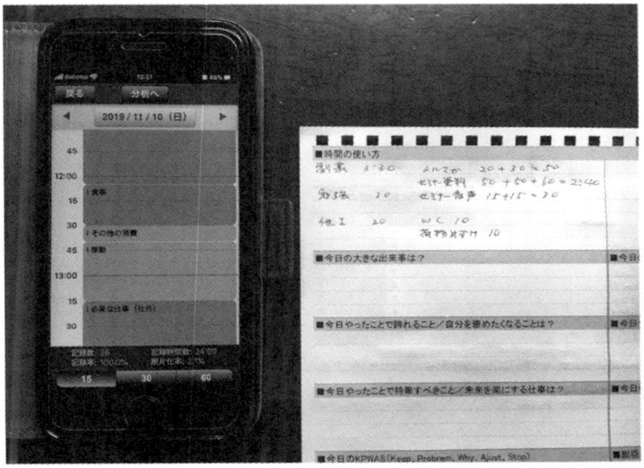

邊確認手機上的生活記錄管理 App(MyStats)，

邊進行記錄。

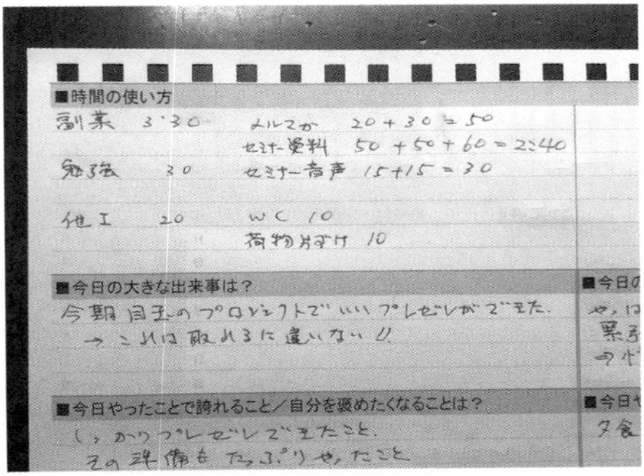

15 回顧整體筆記

確認了其他時間之後，可以對照著筆記中記錄的備忘，回顧從當天早上到目前為止所做的事情。如果備忘錄中有尚未完成的任務，則將其列入任務清單。

這時也要比較預定行程與實際行動，區分「只是白忙的工作」和「真正的工作」。

此外，也請回顧今天完成的工作，思考「為什麼能夠完成？」、「有沒有更好的方法？」以及完成的工作帶來了哪些結果與變化，並將想到的內容用紅筆記錄在筆記本中。

至於未完成的工作，也請思考「為什麼無法完成？」、「怎麼做才能完成？」並將準備從明天開始嘗試的改善方案，用紅筆記錄在筆記本中，如果有什麼事可能會成為明天的課題，也請作為課題記錄在隔天的回顧表中。

回顧整體筆記

綜觀筆記
有沒有更好的方法？
回顧每一項工作
如果想到什麼，就使用紅筆記錄下來。

16 在回顧表中寫下八個項目

最後，在每天的回顧項目中，填寫事先設定好的以下八個項目：

⊙今天的重大事件。
⊙今天的教訓／發現。
⊙今天完成的工作中值得驕傲的事／想要稱讚自己的事。
⊙今天完成的工作中愉快的事。
⊙今天完成的工作中值得記錄的事／讓未來更輕鬆的工作。
⊙今天是否發生了讓自己情緒化的事？
⊙今天的ＫＰＷＡＳ（Keep, Problem, Why, Adjust , Stop）。
⊙總結。

填寫回顧表的這 8 個項目

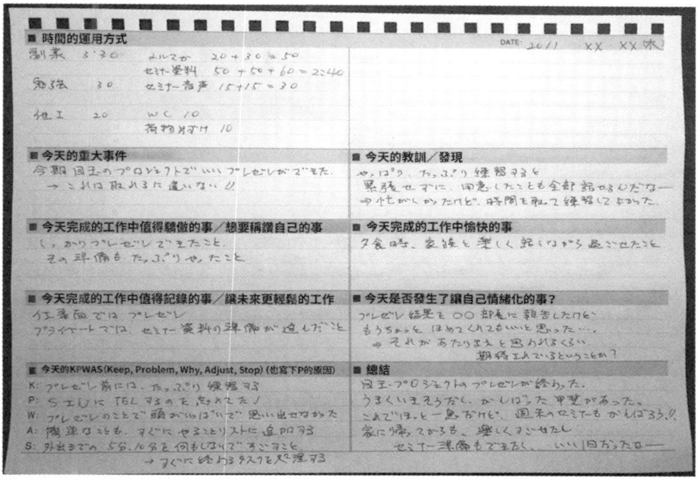

- **今天的重大事件。**
- **今天的教訓／發現。**
- **今天完成的工作中值得驕傲的事／想要稱讚自己的事。**
- **今天完成的工作中愉快的事。**
- **今天完成的工作中值得記錄的事／讓未來更輕鬆的工作。**
- **今天是否發生了讓自己情緒化的事？**
- **今天的 KPWAS（Keep, Problem, Why, Adjust, Stop）。**
- **總結。**

總結就是寫下回顧整體的日記，記錄今天是怎麼樣的一天。

其中有一個項目是「今天是否發生了讓自己情緒化的事？」這不只是記錄讓自己憤怒或生氣的實際事件，還需要思考：

「為什麼會有這樣的情緒？」

「或許對方並不是這個意思？」

「自己是否理解錯誤？」

並將想到的事情記錄下來。

各位知道為什麼要這麼做嗎？

因為這麼做能夠更客觀地看待自己。

這個習慣持之以恆能夠帶來好處，讓自己不會因為小事而變得情緒化，即使情緒有波動，也能很快就恢復平常心。

畢竟帶著煩躁的心情工作，不可能專注於作業。為了有效率地處理工作，必須保持冷靜。那些容易被負面情緒影響的人，不妨試試這個方法。

應該會有顯著的效果。

此外，生氣的原因可能是自己重視的事物遭到輕視，或是遇到違反自己價值觀的事情。

又或許是，自己能夠輕鬆完成的事情對方卻無法做到，導致自己情緒化地覺得：「怎麼連這麼簡單的事情都做不好！」

因此，請深入思考「**自己究竟重視什麼？**」並將其作為**發現自己優勢**的契機。這麼一來，你就會愈來愈了解自己，並充分發揮自己的能力。

最後，作為今天的總結，在總結欄位中回顧這一整天，像寫日記一樣記錄這是怎麼樣的一天。

17 在習慣檢查清單中記錄

「想要培養新習慣。」

這種時候，最有效的方法就是使用檢查清單。

如果只是在心裡想著「要培養習慣」，這個想法很快就會被拋到腦後，但如果決定要記錄在檢查清單上，就不會忘記去做。

這也是一種可視化的方法。檢查的方法很簡單，只要在完成的日子畫圈即可。

不管是什麼事情，畫圈總是令人開心，而且，當清單上有連續好幾個圈時，就會產生一種不想中斷的動力，使得持續下去變得更容易。

我當然也製作了習慣檢查清單，所以在每日回顧的最後都會檢查這份清單。

「為什麼要如此仔細地回顧呢？」

或許會有人產生這樣的疑問。用將棋來比喻，一天的回顧就像是「賽後檢討」。

回顧是為了讓今天完成的工作中，好的部分在今後繼續保持，不好的部分則多少進行改善。

無論什麼事情，做完就不再理會都無法進步。

為了使 PDCA（計畫 Plan、執行 Do、查核 Check 、行動 Act）確實運作，仔細回顧不可或缺。

習慣檢查清單

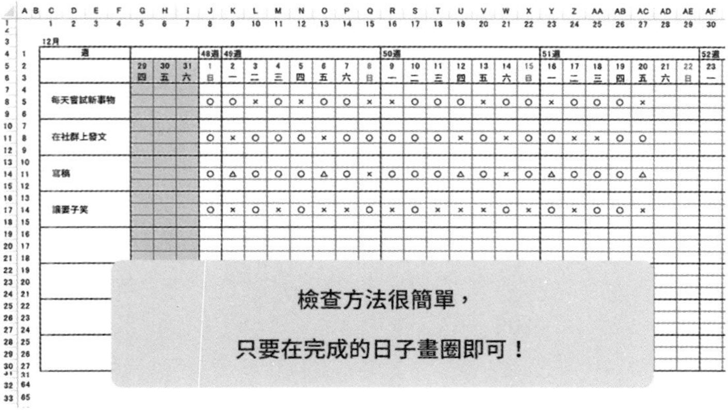

12月

週				48週	49週							50週							51週							52週
	29 四	30 五	31 六	1 日	2 一	3 二	4 三	5 四	6 五	7 六	8 日	9 一	10 二	11 三	12 四	13 五	14 六	15 日	16 一	17 二	18 三	19 四	20 五	21 六	22 日	23 一
每天嘗試新事物				○	○	×	○	×	○	○	×	×	○	○	○	×	○	○	×	○	○	○	×			
在社群上發文				○	×	○	○	○	×	○	○	○	○	○	×	○	×	○	○	×	×	○	○			
寫稿				○	△	○	○	○	△	○	×	○	○	○	△	○	×	○	△	○	○	○	△			
讓妻子笑				○	×	○	×	○	×	×	○	×	○	×	×	×	○	×	○	×	○	○	×			

18 使用KPWAS進行回顧

我在每日回顧的項目中，加入了「今天的KPWAS」，在此進行簡單的說明。

K（Keep）代表今天完成的工作中，今後也希望繼續進行的部分。

P（Problem）代表今天發生的事情中所出現的問題。

W（Why）代表為什麼會出現這項問題，找出問題的原因。而當我們思考「為什麼？」時，自然會想到接下來「該怎麼辦？」

A（Adjust）代表需要如何改善才能解決今天發生的問題。

S（Stop）則代表今天完成的事情中，想要停止或減少的部分。

而在S的部分，只需要記錄想要停止或減少的事情即可。

但不知道是因為我的個性，還是長期進行回顧的結果，我還會經常思考「該如何才能停止？」、「取而代之的行動是什麼？」。這時想到的解方也是點子，或許會對日後帶來幫助，因此我也會記錄在空白處。

回顧自己一整天的行動，將這五個項目都填上。

附帶一提，這個「KPWAS」源自於顧問天野勝先生所提出的「KPT」方法，我起初也是依照該方法來填寫。

但隨著我持續實踐，開始覺得用Try作為解決問題的行動不太順暢，因此將其調整為改善、更正、修正（Adjust）。

此外，我在寫出問題（Problem）時，總是忍不住會思考原因（Why），所以也新增了能夠寫出原因的欄位。

再者，我從以前開始，就會在每周回顧時寫下「下周開始想要停止或減少的事情」，但每周只寫一次，總是會有不少事情想不起來。

因此我決定每天都寫，並且也加入每日回顧，設定了停止（Stop）這個項目。於是便形成了 **KPWAS** 這個方法。

這本書介紹的方法也是如此，試過之後，如果覺得「有些不合適，想稍微改變一下」，那麼調整成自己方便使用的方式也無所謂。

畢竟，別人提出的方法，雖然適合提出者本人，卻未必適用於所有人。所以，本書介紹的方法也一樣，請先直接嘗試，如果有哪個部分怎麼樣都不順手，再試著根據自己的使用習慣進行調整。

畢竟，如果因為不順手就完全放棄則未免太可惜。

KPWAS 是什麼？

今天的 KPWAS

K（Keep）	今天完成的工作中，今後也希望繼續進行的部分。
P（Problem）	今天發生的事情中所出現的問題。
W（Why）	為什麼會出現這個問題。找出問題的原因。
A（Adjust）	需要如何改善才能解決今天發生的問題。
S（Stop）	今天完成的事情中，想要停止或減少的部分。

每日回顧的 KPWAS 範例

K 簡報前充分練習！

P 忘記打電話給 S 了！

W 滿腦子都是簡報的事情，所以沒有想起來。

A 就算是簡單的事情，也要寫到清單上。

S 外出前的 5 分鐘、10 分鐘什麼事都沒做。

19

根據今日的課題制定明天的計畫

在今日課題記錄結果

回顧的最後一步，就是記錄昨晚（或今天早上）所設定的課題的結果，看看是否如預期般完成。這時候，如果發現了順利（或不順利）的理由及改善點，以及其他事項，也要一併記錄下來。

制定明天的計畫

到此為止，我們已經完成了當天的回顧。接下來便簡單確認一下明天的計畫。例如：

⊙是否有平常不會帶，但明天必須攜帶的物品？
⊙是否約了重要的客戶？

像這樣確認是否有不同於平常的計畫，而為了避免忘記攜帶物品，最好在前一天確認。

這時候如果時間允許，可以將「明天固定的行程寫進行程表欄位」，或是「列出明天該做的事情‧想做的事情清單」，如此一來，就能減少隔天早晨製作時間表的麻煩。

有些人可能會想，「乾脆趁這個時候就把明天的時間表也做完吧！」我自己也曾有一段時間，在前一天就製作時間表。

然而，到了隔天早晨，經常會覺得「今天不想從這項作業開始」，然後又重新製作。因此，我現在改成在當天早晨製作時間表。

哪種方法較好因人而異，請根據自己的情況來制定計畫。

20 回顧本周的每周回顧

明明都已經每天進行回顧了，為什麼還需要進行每周回顧呢？

或許有人會有這樣的疑問，而這背後存在著三個理由。

第一個理由是，正如之前多次強調，人是健忘的生物。透過多次重複，可以使記憶更牢固，進而付諸行動。

你可能也聽說過艾賓豪斯（Hermann Ebbinghaus）「遺忘曲線」（Forgetting Curve），從下頁這張圖表可以看出，如果不進行回顧，人類的記憶會在二十四小時內丟失七四％。

但如果進行回顧，**記憶就會更容易長時間維持**。

而且回顧次數愈多，遺忘的速度就會愈慢，**保留的記憶也會增加**。

因此，不只需要在當天回顧，還應該在一周後再回顧一次。

第二個理由是，每周的回顧是為了重新總結該周的重大事件。

我們在每天的回顧中，會寫下「今天的重大事件」、「教訓／發現」以及「愉快的事情」等，但在每周回顧時，只會挑出真正的「重大事件」。

除了每周回顧之外，每月也還會再進行一次回顧，如果事件過多，這時的回顧工作也會變得過於繁重。因此，需要以周為單位進行濃縮整理。

這七天當中可能沒有發生重大事件，有些沒那麼重要的事，卻硬是勉強自己為了填空而寫下來。因

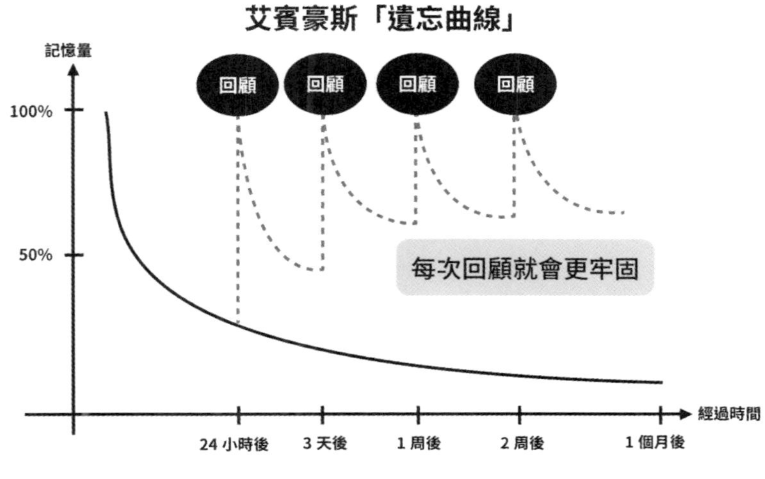

此，有些事件從當天的角度來看或許顯得重大，但把時間跨度拉到一周後就會發現也沒那麼重要，像這種事情就不會寫在每周回顧表中。

第三個理由是，雖然以一天為單位來看，會有好日子和壞日子，但還是需要綜觀這一整周的情況來確認。

例如，想要減重的人，心情隨著每晚的體重比昨天減少（或增加）而患得患失，是沒有意義的。同理，不能只根據一天的變化來判斷好壞，而是要看一整周的趨勢，確認是否接近或偏離目標。

無論是每周回顧、每日回顧還是每月回顧，目的都是為了確認進展狀況，對於落後的部分進行策略和計畫的調整。

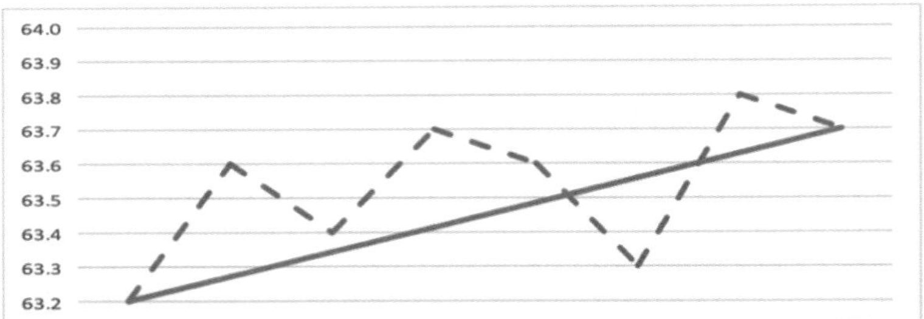

如果只看一天，雖然看似反覆上下震盪，
但把時間拉到一周來看，就會發現持續上升。

每周回顧表

■ 周次:2019年12月01日~2019年12月07日

2019年12月01日製作

■ 本周目標：不慌不忙，時間和心情都要從容⇒ 所有事情都提前開始 ⇒ 好好擬定計畫後再行動！

結果：大部分日子都能從容地計畫和處理事情

■ 上周進行的工作中，本周也想持續做什麼？／該如何才能做到？

工作時務必使用計時器
⇒ 處理郵件時有使用，但其他工作只有一半時間使用

利用午休等零碎時間做自己的事！
⇒ 為了早點下班，工作日有半天左右有做到。其他日子則用在通勤時間

不帶著負面情緒工作。先做能集中精神的工作來轉換心情
⇒ 順利轉換心情後工作

花時間好好傾聽年輕同事的煩惱
⇒ 雖然沒有到「煩惱」的程度，但有好好地閒聊了一下

■ 為了解決上周發生的問題該怎麼做？／該如何才能做到？

搭電車時不趕時間慢慢走，保持從容地出門！
⇒ 搭電車時沒有趕到需要著急的程度

上午和下午都預留2小時以上的緩衝時間
⇒ 有空下來，但最後還是被填滿了

絕對要在23點睡覺！不然一整周都會昏昏沉沉
⇒ 平日都23點前睡覺

專心工作時，即使被人叫住，也要等手邊工作告一段落後再回應
⇒ 大約有7成請對方稍後再說。電話也請其他人幫忙接聽

一有預定事項就立刻寫下來。郵件或會議記錄上有寫到下次預定事項的話就輸入
⇒ 立刻輸入到Google行事曆

參加會議時，務必準備其他工作
⇒ 有準備，但沒有適合的場合

■ 本周想停止或減少的事情／該如何才能做到？

明明有該做的事情，卻先做其他雜事而拖延
⇒ 因為全部都開始做了，所以OK

拖延麻煩或不想做的事情 ⇒ 排入時間表執行
⇒ 比上周減少了，但似乎還有……

■ 本周必做的事情／該如何才能做到？

決定下班時間，並在那之前完成所有工作後準時下班！！
⇒ 在公司時有提早下班，但在公司外的會議則變得比較長

確認是否有遺漏的工作，包含郵件，有的話就寫下來
⇒ 這周也收到大量郵件，未處理的愈來愈多

■ 想增加的事情／該如何才能做到？

增加讀書會的宣傳次數 ⇒ 在周二、周三、周五（前一天）進行確保宣傳時間！
⇒ 雖然在周二、周四、周五做了，但效果似乎不太好？

與工作以外的人交流 ⇒ 尋找有趣的活動參加
⇒ 有找過，但找不到想參加的……

■ 做什麼才會更愉快？／該如何才能做到？

與工作以外的人交流 ⇒ 一定要參加周四、周五、周六的活動！
⇒ 全部都參加了

讓原稿能順利寫完 ⇒ 確保寫作時間！
⇒ 對於「〇〇〇」有了靈感！提交了草稿，也稍微修改了一下

■ 其他課題・目標

這周有周四、周五、周六的活動⇒好久沒跟大家一起玩了，好期待！！
⇒ 非常開心。果然和工作以外的人見面很開心

■ 周次:2019年12月01日~2019年12月07日

2019年12月08日製作

■ 本周重大事件TOP5

1.參加了3個活動
2.讀書會有從仙台來的人參加
3.準備了A專案和h專案兩件申請…果然兩件撞在一起很辛苦
4.〇〇說想搬家，所以一起找了××的公寓
5.現場會議結束後，大家一起喝酒後回家

■ 本周的教訓／發現

以為沒什麼工作要做，結果還是會剛好出現一些需要處理的工作？

最少需要5小時的睡眠 ⇒ 少於這個時間隔天頭腦會無法運作

果然在網路商店找東西很花時間

沒事做的話，就會懶懶散散地做些無關緊要的事 ⇒ 得創造更有價值的工作才行！

果然午餐吃麵類體重會增加 ⇒ 午餐不要吃麵類了！

■ 本周完成的工作中值得驕傲的事／想要稱讚自己的事

決定參加活動！並在那之前把工作做完了

在讀書會上沒有說太多自己的事，而是慢慢地聽對方說並做出回應

每周回顧在1.5小時內結束了 ⇒ 每次都要在這個時間內結束！！

發現計算錯誤後馬上向相關人士報告並處理了

〇〇的訂單沒有太多猶豫，很快就買好了

在容易想睡的時間帶，有意識地安排不會讓人想睡的工作

■ 本周完成的工作中愉快的事

參加活動～在交流會和懇親會上與工作以外的人交流

學辦讀書會 ⇒ 果然和人聊天的過程很有趣^^

想到關於「〇〇〇」的好點子 ⇒ 果然能想到好主意就是快樂的事！

休假日和平日的晚餐時間，和家人一起悠閒地享受時光

■ 本周完成的工作中值得記錄的事／讓未來更輕鬆的工作

處理了超過 100 封堆積如山的未讀和未處理郵件

舉辦了讀書會，並整理了回顧表和其他 Excel 數據

有一本同樣名為《PDCA手帳術》的書出版了⇒ 託它的福？我的書也賣得比較好？

在 Google Search Console 中登錄了網站地圖

■ 本周的KPWAS (Keep, Problem, Why, Adjust, Stop)（也寫下P的原因）

K、W、A、S將作為課題記錄到下周的計畫頁面上
P：因為沒有預估到購物的時間，所以沒有時間打掃

在網路商店選東西花費了太多時間

因為一直被打斷所以工作也中斷

■ 總結

這周一直都覺得眼睛澀澀的很想睡

到星期三為止都在忙著準備兩件專案申請和其他事情，但星期四和星期五就能夠冷靜地工作
結婚紀念日買回來的蛋糕照片變成了〇〇的個人資料照片^^

從每日回顧表中挑出真正重大的事情寫下來！

21 安排每周回顧的時間

每周回顧是一周的總結，因此最好選在一個明確的時間點進行。回顧通常需要三十分鐘到一小時，所以應該選在能夠確保這樣一段完整時間的日子與時段。

我建議在星期天下午或星期一早上進行，也可以根據自己的生活節奏，選擇方便每周保留下來的時段，並養成習慣將其作為與自己的約定寫進行程表中。附帶一提，我習慣將一周定義為從周日到周六，並在周日上午保留大約兩小時進行回顧。

我會在這段時間翻閱每日回顧表，看看每天完成的工作、做得好的工作、想要稱讚自己的事情等，回顧過去一周，尋找其中的重要事件。接著，我會設定下周的課題並制定計畫。

將每周回顧寫進行程表中

13 (Wed)	14 (Thu) 14:00~ 佐藤會議	15 (Fri) 統計問卷	16 (Sat)	17 (Sun) 10:00~12:00 回顧
20 (Wed)	21 (Thu) 16:00~ 田中會議 交出提案書	22 (Fri)	23 (Sat) 18:00~ 音樂會	24 (Sun) 10:00~12:00 回顧
27 (Wed) 14:00~ 營業會議	28 (Thu)	29 (Fri) 14:00~ 整體會議	30 (Sat)	31 (Sun) 10:00~12:00 回顧

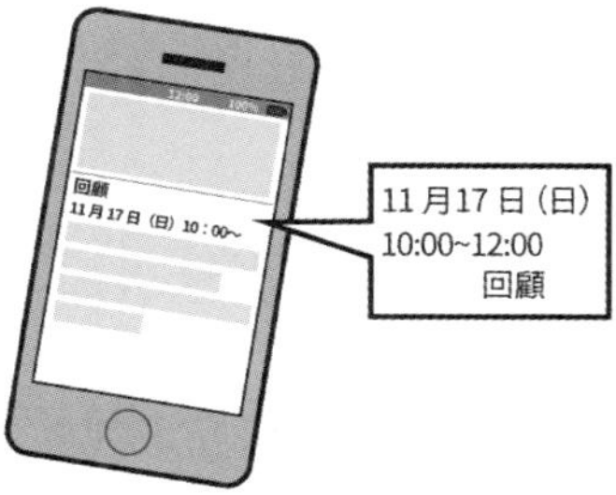

每周一次在固定時段進行回顧，
並將回顧作為與自己的約定寫進行程表中。

22 記錄每周回顧

那麼，在此也將透過我常用的生活記錄App與每周回顧表，具體介紹進行每周回顧的方法。

① 確認想增加或想減少的習慣

人的記憶既模糊又隨便，人們往往會以為自己花較多時間在自認為有意義的事情，花較少的時間在自己覺得不理想的行動。

所以需要**用明確的數字來確認**自己做了什麼，而不是只憑感覺。

「（我覺得）最近吃的量變少，腰圍（好像）也縮小，所以體重一定減輕了。」

即使減重時這麼想，也不會知道體重是否真的減輕。為了釐清事實，必須實際站上體重計，確認體重到底變成多少公斤。

而就像減重需要量體重一樣，時間的使用方式也必須以數字確認。具體來說，我所設定的目標是，每周用於準備研討會・讀書會、撰寫書籍・部落格・電子報，以及閱讀和參加讀書會等自我提升的時間要達到二十小時以上；與家人共度的時間要達到十五小時以上；至於上網及玩遊戲的時間則必須少於五小時，因此我會透過具體的時數來確認目標是否達成。

如果不使用數位工具，也可以統計手寫在筆記本上的時數。

此外，如果把所有事情都記錄下來太辛苦，可以只記錄想要增加或減少的習慣，但千萬不要忘記以數字確認。

②使用Excel統計生活記錄App的數據

只做到①或許就已經足夠，但我還會再稍微更詳細地確認。

我所使用的生活記錄管理App能夠將數據輸出成CSV檔案，因此不只睡眠時間與工作時間，還能透過 Excel 統計我在Ⅰ～Ⅳ類的工作中分別花了多少時間，並確認各自的比例。

如果發現我在不重要的Ⅲ類和Ⅳ類工作花了太多時間，我會檢視這些時間都花在哪些事情上、為什麼會花這麼多時間，並思考該如何改進，將其作為下周的課題。

如果不使用Ａｐｐ，而是以手寫方式記錄，也可以參考每日回顧表進行統計。

③ 填寫回顧項目

確認了時間的使用情況後，接下來就是參考筆記和上周的每日回顧表，將結果記錄在每周回顧表中的回顧項目。

我目前設定的回顧項目，是從每日回顧表中剔除「今天是否發生了讓自己情緒化的事？」之後所剩下的七個項目。

⊙本周重大事件TOP5。
⊙本周的教訓／發現。
⊙本周完成的工作中值得驕傲的事。
⊙本周完成的工作中感到愉快的事。
⊙本周完成的工作中值得記錄的事／讓未來更輕鬆的工作。
⊙本周的KPWAS。
⊙總結。

不過，這裡所寫的是我在撰寫這篇原稿的二〇一九年十一月時的項目。我在回

③填寫回顧項目

■ 周次:2019年12月01日~2019年12月07日　　2019年12月08日製作

■ 本周重大事件TOP5
1.參加了三個活動
2.讀書會有從仙台來的人參加
3.準備了A專案和h專案兩件申請...果然兩件擅在一起很辛苦
4.◯◯說想搬家，所以一起找了××的公寓
5.現場會議結束後，大家一起喝酒後回家

■ 本周的教訓／發現
以為沒什麼工作要做，結果還是會剛好出現一些需要處理的工作？
最少需要5小時的睡眠 ⇒ 少於這個時間隔天頭腦會無法運作
果然在網路商店找東西很花時間
沒事做的話，就會懶懶散散地做些無關緊要的事 ⇒ 得創造更有價值的工作才行！
果然午餐吃麵類體重會增加 ⇒ 午餐不要吃麵類了！

■ 本周完成的工作中值得驕傲的事／想要稱讚自己的事
決定參加活動！並在那之前把工作做完了
在讀書會上沒有說太多自己的事，而是慢慢地聽對方說並做出回應
每周回顧在1.5小時內結束了 ⇒ 每次都要在這個時間內結束！！
發現計算錯誤後馬上向相關人士報告並處理了
◯◯的訂單沒有太多猶豫，很快就買好了
在容易想睡的時間帶，有意識地安排不會讓人想睡的工作

■ 本周完成的工作中愉快的事
參加活動～在交流會和懇親會上與工作以外的人交流
舉辦讀書會 ⇒ 果然和人聊天的過程很有趣^^
想到關於「◯◯◯」的好點子 ⇒ 果然能想到好主意就是快樂的事！
休假日和平日的晚餐時間，和家人一起悠閒地享受時光

■ 本周完成的工作中值得記錄的事／讓未來更輕鬆的工作
處理了超過 100 封堆積如山的未讀和未處理郵件
舉辦了讀書會，並整理了回顧表和其他 Excel 數據
有一本同樣名為《PDCA手帳術》的書出版了⇒ 託它的福？我的書也賣得比較好？
在 Google Search Console 中登錄了網站地圖

■ 本周的KPWAS（Keep, Problem, Why, Adjust, Stop）（也寫下P的原因）
K、W、A、S將作為課題記錄到下周的計畫頁面上
P：因為沒有預估到購物的時間，所以沒有時間打掃
在網路商店選東西花費了太多時間
因為一直被打斷所以工作也中斷

■ 總結
這周一直都覺得眼睛澀澀的很想睡
到星期三為止都在忙著準備兩件專案申請和其他事情，但星期四和星期五就能夠冷靜地工作
結婚紀念日買回來的蛋糕照片變成了 ◯◯ 的個人資料照片^^

顧並進行PDCA時，也會檢查這些回顧項目是否需要調整。

「這個項目不會帶來成果或結果，是否還有必要繼續？」如果有哪個項目讓我產生這種想法，我會試著刪除或透過增加新項目來進行調整。

畢竟不只每日回顧或每周回顧，任何需要書寫的活動都會消耗時間。如果投入的時間無法獲得相應的成果，那麼這些時間就等於白白浪費。因此，需要確認這些時間是否花得有意義。

④為本周的計畫與課題填寫結果

重新檢視每日回顧表後，接著確認上周回顧時制定的計畫與課題是否實現，並填寫結果。

我都設定哪些課題，將在下一項⑤進行介紹。

④為本周的計畫與課題填寫結果

■ 周次:2019年12月01日~2019年12月07日

2019年12月01日製作

■ **本周目標：** 不慌不忙，時間和心情都要從容⇒ 所有事情都提前開始 ⇒ 好好擬定計畫後再行動！

結果： 大部分日子都能從容地計畫和處理事情

■ 上周進行的工作中，本周也想持續做什麼？／該如何才能做到？

工作時務必使用計時器
⇒ 處理郵件時有使用，但其他工作只有一半時間使用

利用午休等零碎時間做自己的事！
⇒ 為了早點下班，工作日有半天左右有做到。其他日子則用在通勤時間

不帶著負面情緒工作。先做能集中精神的工作來轉換心情
⇒ 順利轉換心情後工作

花時間好好傾聽年輕同事的煩惱
⇒ 雖然沒有到「煩惱」的程度，但有好好地閒聊了一下

■ 為了解決上周發生的問題該怎麼做？／該如何才能做到？

搭電車時不趕時間慢慢走，保持從容地出門！
⇒ 搭電車時沒有趕到需要著急的程度

上午和下午都預留2小時以上的緩衝時間
⇒ 有空下來，但最後還是被填滿了

絕對要在23點睡覺！不然一整周都會昏昏沉沉
⇒ 平日都23點前睡覺

專心工作時，即使被人叫住，也要等手邊工作告一段落後再回應
⇒ 大約有7成請對方稍後再說。電話也請其他人幫忙接聽

一有預定事項就立刻寫下來。郵件或會議記錄上有寫到下次預定事項的話就輸入
⇒ 立刻輸入到Google行事曆

參加會議時，務必準備其他工作
⇒ 有準備，但沒有適合的場合

■ 本周想停止或減少的事情／該如何才能做到？

明明有該做的事情，卻先做其他雜事而拖延
⇒ 因為全部都開始做了，所以OK

拖延麻煩或不想做的事情 ⇒ 排入時間表執行
⇒ 比上周減少了，但似乎還有……

■ 本周必做的事情／該如何才能做到？

決定下班時間，並在那之前完成所有工作後準時下班！！
⇒ 在公司時有提早下班，但在公司外的會議則變得比較長

確認是否有遺漏的工作，包含郵件，有的話就寫下來
⇒ 這周也收到大量郵件，未處理的愈來愈多

■ 想增加的事情／該如何才能做到？

增加讀書會的宣傳次數 ⇒ 在周二、周三、周五（前一天）進行確保宣傳時間！
⇒ 雖然在周二、周四、周五做了，但效果似乎不太好？

與工作以外的人交流 ⇒ 尋找有趣的活動參加
⇒ 有找過，但找不到想參加的……

■ 做什麼才會更愉快？／該如何才能做到？

與工作以外的人交流 ⇒ 一定要參加周四、周五、周六的活動！
⇒ 全部都參加了

讓原稿能順利寫完 ⇒ 確保寫作時間！
⇒ 對於「○○○」有了靈感！提交了草稿，也稍微修改了一下

■ 其他課題・目標

這周有周四、周五、周六的活動⇒好久沒跟大家一起玩了，好期待！！
⇒ 非常開心。果然和工作以外的人見面很開心

回顧項目

- 上周進行的工作中，本周也想持續做什麼？
- 為了解決上周發生的問題該怎麼做？
- 本周想停止或減少的事項。
- 本周必做的事情。
- 想增加的事情。
- 該做什麼才會更愉快？
- 其他課題・目標。

⑤設定下周的課題並制定計畫

回顧的部分到④結束。

接下來將根據回顧的結果，決定下周之後該採取什麼樣的行動。具體來說，需要填寫以下幾個項目：

⊙上周進行的工作中，本周也想持續做什麼？／該如何才能做到？
⊙為了解決上周發生的問題該怎麼做？／該如何才能做到？
⊙本周想停止或減少的事情／該如何才能做到？
⊙本周必做的事情／該如何才能做到？
⊙想增加的事情／該如何才能做到？
⊙該做什麼才會更愉快？／該如何才能做到？
⊙其他課題．目標／該如何才能做到？

我想各位讀到這裡應該也已經注意到，所有項目中都包含了：「該如何才能做到？」

請回想一下，關於回顧的最初項目是這麼寫的：

「回顧的目的是整理順利和不順利的事情，思考如何讓順利的事情更順利，至於不順利的事情，則思考對策及改善方案（參考第152頁）」。

而像這樣具體記錄在每周回顧表上確認，就可以避免遺忘。

⑤設定下周的課題並制定計畫

■ 周次:2019年12月01日~2019年12月07日

2019年12月01日製作

■ 本周目標:

結果:

■ 上周進行的工作中，本周也想持續做什麼？／該如何才能做到？

工作時務必使用計時器

利用午休等零碎時間做自己的事！

不帶著負面情緒工作。先做能集中精神的工作來轉換心情

花時間好好傾聽年輕同事的煩惱

■ 為了解決上周發生的問題該怎麼做？／該如何才能做到？

搭電車時不趕時間慢慢走，保持從容地出門！

上午和下午都預留2小時以上的緩衝時間

絕對要在23點睡覺！不然一整周都會昏昏沉沉

專心工作時，即使被人叫住，也要等手邊工作告一段落後再回應

一有預定事項就立刻寫下來。郵件或會議記錄上有寫到下次預定事項的話就輸入

參加會議時，務必準備其他工作

■ 本周想停止或減少的事情／該如何才能做到？

明明有該做的事情，卻先做其他雜事而拖延

拖延麻煩或不想做的事情⇒ 排入時間表執行

■ 本周必做的事情／該如何才能做到？

決定下班時間，並在那之前完成所有工作後準時下班！

確認是否有遺漏的工作，包含郵件，有的話就寫下來

■ 想增加的事情／該如何才能做到？

增加讀書會的宣傳次數。⇒ 在周二、周三、周五（前一天）進行。確保宣傳時間！

與工作以外的人交流 ⇒ 尋找有趣的活動參加

■ 做什麼才會更愉快？／該如何才能做到？

與工作以外的人交流 ⇒ 一定要參加周四、五、六的活動！

讓原稿能順利寫完 ⇒ 確保寫作時間！

■ 其他課題・目標

這周有周四、周五、周六的活動⇒好久沒跟大家一起玩了，好期待！！

下周的課題

- 上周進行的工作中，本周也想持續做什麼？
- 為了解決上周發生的問題該怎麼做？
- 本周想停止或減少的事情。
- 本周必做的事情。
- 想增加的事情。
- 該做什麼才會更愉快？
- 其他課題・目標。

⑥確認習慣檢查清單

回顧的最後一步，則是確認習慣檢查清單，這份清單中整理出希望養成習慣的項目。

目前我希望養成的習慣有四項，分別是「每日一新（每天做一件新的事情）」、「在社群媒體發文」、「撰寫書稿」和「讓妻子開心一笑」。

透過檢查表確認本周做到的次數，當做到的次數不多時，就思考該如何才能做到，並作為下周的課題。

⑦確認下周行程

完成本周的回顧後，接下來就是確認下周的計畫。大致瀏覽過下周的行程表後，確認是否有重要的會議或是需要花費較多時間準備的工作，如果有這類安排，請在沒有其他預定行程的時段中預先安排這些作業，將時間保留下來。

⑧設定下周的目標

根據①～⑤的回顧、⑥的課題，以及⑦的下周行程，設定下周的目標，決定下周希望是怎麼樣的一周，並用紅筆寫在每周回顧表的最上方以凸顯出來。

這張表格並不是寫完就算了。和其他目標一樣，如果不反覆閱讀就會遺忘，無法採取行動。

所以我會將這張表夾在筆記本的第一頁，並在早上七點三十分和午休結束前的十二點五十五分設定鬧鐘提醒自己「重新閱讀每周回顧表」，以確保不會忘記。

⑧設定下周的目標

■ 每周回顧表：2019年12月01日～2019年12月07日

■ 本周目標：不慌不忙，時間和心情都要從容⇒ 所有事情都提前開始 ⇒ 好好擬定計畫後再行動！

結果：

■ 上周進行的工作中，本周也想持續做什麼？／該如何才能做到？

■今週

每周回顧表的最後，決定下周是什麼樣的一周，並用紅筆寫在每周回顧表的最上方以突顯出來。

第 5 章

將靈感可視化

01

靈感是機會之神

相信大家都聽過「機會之神只有瀏海＊（機會不等人）」這句話吧。

當機會之神降臨時，任誰都會煩惱是要立刻抓住，還是要再等一下。

立刻抓住的人能夠把握機會，而猶豫不決的人，最終往往會錯失良機。

即使想抓住溜走的機會之神的髮尾，也因為機會之神沒有後面的頭髮，只能眼睜睜地看著祂揚長而去。

這正是這個比喻的意涵。

乍現的靈感就和機會之神一樣稍縱即逝。

那麼，該如何抓住這些靈感呢？

答案就是**立即記錄**下來。

本章將介紹如何抓住這些機會之神，也就是如何將靈感、點子與日常發現記錄下來並進行可視化，將其應用於未來。

※編按：希臘神話中的機會之神（Caerus）只有一撮很長的瀏海長在前面，但後腦勺是禿的。這象徵著機會一旦過去就無法再抓住。他的外形和姿態強烈地傳達了「一瞬即逝的機會」這個概念。

02 寫備忘錄是爲了遺忘

我前面寫到靈感就是機會之神，所以要立刻抓住並記錄下來。

那麼，記錄下來之後該如何處理呢？

那就是只需記住把它寫在哪裡，至於其他所有細節，例如寫了些什麼等，都全部忘掉。

「記住」意味著在腦海中反覆回想，但大腦無法同時處理兩件事情。儘管看似同時進行，但實際上只是快速地在A作業與B作業之間切換。這樣做會讓我們無法專注於眼前的事物，自然也就不可能高效率地處理工作。

因此當靈光乍現時，應該立刻記錄下來。記錄完畢後，只需記得記錄在哪裡，其他細節都可以忘掉，然後迅速回到原本的工作上。

提升「記憶力」既需要時間也需要努力，但「記錄力」立刻就能提高。不要嫌麻煩，即使是微不足道，覺得「這種事情不記也沒關係吧？」的小事都要立刻寫下來，養成**依賴記錄**而非記憶的習慣。

03 「外部備忘錄」與「內部備忘錄」

我在閱讀鈴木真理子女士的著作《一流商業人士都在用的行事曆・備忘錄・筆記活用術》（仕事のミスが激減する「手帳」「メモ」「ノート」術）時，第一次接觸到「外部備忘錄」與「內部備忘錄」這兩個詞彙及其概念。

我覺得這是非常好的分類方式，所以在讀完這本書後，也開始將備忘錄分成「內部備忘錄」與「外部備忘錄」，因此本書中也會介紹這個概念。

「**外部備忘錄**」是指記錄來自外部的資訊或他人交代的事項，以避免忘記行動或應對的備忘錄。

舉例來說：

⊙邊聽上司的指示邊記錄。

⊙邊接電話邊記錄。

這些例子都有一個共通點，那就是「邊做某事邊記錄」。

「外部備忘錄」是防止遺漏和遺忘的最基本步驟，因此在聽別人說話時一定要記下來。

至於「**內部備忘錄**」，則是記錄自己內心浮現的想法、點子、靈感或靈光乍現的備忘錄。

無論點子有多棒，如果只存在於腦中，也很快就會忘記。

我們常聽到靈感變成熱門商品的例子，所以將這些靈感擱置不管相當於浪費寶藏。

如果將其可視化，單純的靈感就有機會轉變為有價值的工作，因此請務必將這些價值的種子確實儲存下來。

無論是「外部備忘錄」還是「內部備忘錄」，如果不進行可視化，都有可能陷入日後才來後悔的情況。因此，請養成立即記錄的習慣。

04 隨身攜帶記事本和筆

寫備忘錄的必需品是筆。即使沒有記事本，也可以用手邊的紙片，如果連紙片都沒有，最糟的情況甚至可以寫在自己手上（笑），但是如果沒有筆，就無法寫下來了。

因此要隨身帶筆，確保隨時都能書寫。

當然，突然被上司叫去時，也一定要帶著記事本和筆。

在這種時候寫備忘有兩個好處。其一是避免忘記上司所說的話，這也是備忘原本的目的，而另一個好處就是向上司**展現自己的積極性**。

如果不寫備忘，只是邊聽邊點頭，對方會感到不安，懷疑是否能放心把事情交給你。

反之，邊聽邊認真寫備忘的人，會讓人感受到積極性，並帶來安心感，自然也能獲得信任。

因此，在聽上司或客戶說話時，為了**提升自己的好感度**，請務必認真寫備忘。

既然備忘錄如此重要，應該定期檢查記事本的剩餘頁數，如果快用完了，就提前準備好新的。

想寫的時候卻無法寫，或者因為沒有空間而限制書寫的篇幅都會成為壓力，所以不要忽視記事本的準備！

推薦的記事本

Rollbahn
迷你附口袋記事本

Rollbahn
迷你附口袋上掀式記事本

LIHIT LAB
旋轉式筆記本（記事本大小）

Rollbahn 記事本押有撕線，輕易就能撕下來。
此外也附有透明口袋，能夠保管撕下來的備忘。
LIHIT LAB 的旋轉式筆記本採用開闔式活頁圈。
因此可以輕鬆更換內頁或調整排列順序。
這幾種記事本都採用 5mm 方格，相當方便記錄。

05

推薦使用按壓式多色筆

我推薦使用三色以上的按壓式原子筆。按壓式原子筆不需要取下筆蓋，可以立即開始書寫，也不必擔心筆蓋遺失。

靈感一來如果不馬上記錄就會忘記，因此開始書寫的速度至關重要。就這點來看，壓下去就能寫的按壓式原子筆也最為推薦。

此外，使用一支含有紅、黑、藍等多種顏色的原子筆，也能立即切換顏色。按壓切換顏色的喀拉喀拉聲，也有轉換心情的效果。

附帶一提，不管寫的內容是什麼，我都規定自己用藍筆寫工作相關事項，用綠筆寫私人事項，因此無論是從工作事項切換到私人事項，還是從私人事項切換到工作事項，都只要用拇指按壓就能變換顏色。

如果使用單色且有筆蓋的筆，每次換顏色時都需要換一支筆。但如果因為怕麻煩而使用同一種顏色記錄，工作事項和私人事項就會混在一起，導致難以閱讀。

為了避免發生這種情況，我也建議使用按壓式多色筆。

附帶一提，我個人慣用的筆是三菱的 Jetstream 4&1，這支筆包含黑、紅、藍、綠四色原子筆和一支自動鉛筆。

我在工作時總是將這支筆插在襯衫的胸前口袋，即使是假日外出，也會將它和記事本一起放在包包立刻就能取出的內袋裡隨身攜帶。

推薦的筆

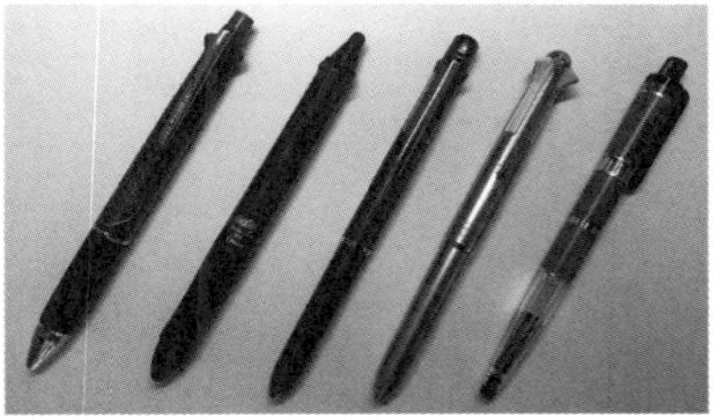

推薦使用 3 色以上按壓式原子筆：

・不需取下蓋子，立刻就能書寫。

・不需擔心筆蓋遺失。

・如果使用多色筆，立刻就能切換顏色。

・切換顏色的「喀拉喀拉」聲有助於轉換心情。

由此可知，使用一支多色筆的好處比使用多支單色筆要多。

06 書寫與回顧密不可分

備忘不是寫下來就結束。如同前述，備忘錄是大腦的外部記憶裝置，因此寫下來之後一定要回顧。

或許也可以考慮在每日回顧或每周回顧中加入「回顧並整理備忘錄」這項任務。這時可以將內容相似的備忘合併整理，或是回顧過去所寫的備忘。

而在回顧過去所寫的備忘時，也經常會產生新的發現。為了將這些新的靈感補充上去，最初記錄備忘時，應該保留足夠的空白。

因為我認為，即使最後沒有任何新的靈感，就這樣直接丟棄，筆記用紙也是無可避免的成本。相較之下，好不容易閃過腦中的點子或靈感因為無法記錄而消失才是更大的損失。

回顧備忘很重要

絕對不要忘記這樣的流程！

任務清單

回顧備忘並整理

試著加入任務清單中

07 一頁一個主題

如果一張備忘寫太多內容，頁面就會變得混亂，搞不清楚哪個位置寫了什麼。

另外，如果在同一頁寫了好幾個主題，之後回顧時，也會發現必要的資訊和不必要的資訊混在一起。不必要的資訊最好快點丟掉，但如果其中混入了必要的資訊，就會遲遲無法丟棄。保留含有不必要資訊的備忘，也是一種空間的浪費。

因此，即使會留下許多空白，備忘錄還是應該遵循一頁一個主題的原則。

就算之後回顧時沒有任何補充而直接處理掉，一張筆記用紙的成本也微不足道。相較之下，妨礙思考或難以產生新想法才是更大的問題，所以請不要在意這點成本，奢侈地使用記事本空間吧！

一頁一個主題

中小企業老闆的心得
創業者如何寫備忘
無法升遷的人有什麼特徵
不使用手帳的時間管理
寫在記事本
寫在便利貼
務必在日後回顧

08 讓備忘靜置熟成

當你想到一個點子時，當下可能會覺得這是個很棒的點子，但之後回過頭來看，經常會發現其實也沒什麼大不了。

反過來，有些點子記錄的時候會覺得「這實在沒什麼，或許根本不值得記下來」，但最後卻發現記下來是對的。

因為日後回顧時，這個點子能夠立刻發揮作用，甚至能與其他點子結合成為更實用的點子。

乍現的靈感是否實用，在那個當下還不會知道。

所以請不要思考有沒有用，總之先寫下來（記錄下來），同時養成過一段時間後再回顧的習慣。

備忘先暫時保存，日後再整理

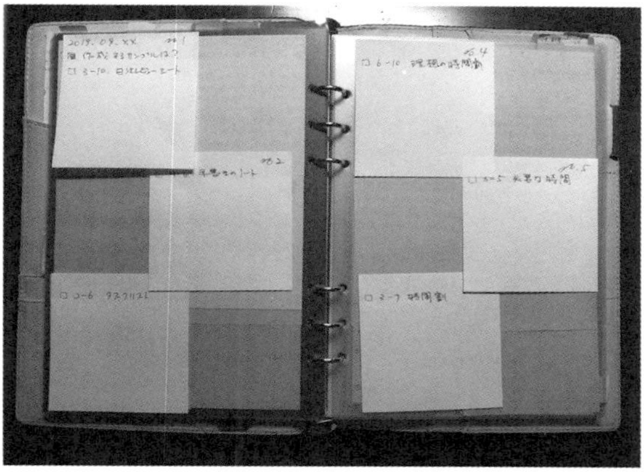

預留充分的空白，暫時保存下來

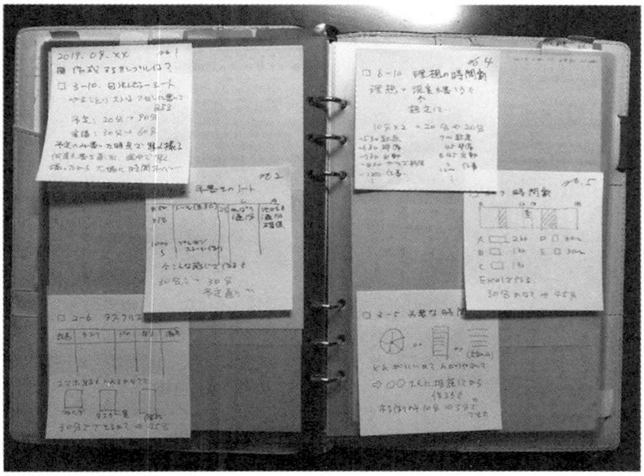

回顧後進行補充

09

活用母艦筆記本與便利貼

只靠記事本無法同時回顧多張備忘，因此可以將多張備忘貼在能夠並列查看的大筆記本上保存。並且時不時將儲存的便利貼攤開在桌面上，並列查看且重新整理。因為這麼一來，也可以將多個點子重新組合，產生新的創意。

附帶一提，我將資料夾裁切成A5大小，打洞後裝進作為母艦的系統手帳裡，作為備忘的臨時存放場所，將備忘貼上時也會避免重疊，方便在回顧時能夠並列查看。

我以前使用普通的記事本寫備忘，將寫完的頁面撕下來，再用膠帶或紙膠帶貼進筆記本裡。

但我覺得「每次都得重複這項作業實在太麻煩了」，因此想到了使用便利貼的方法。

便利貼能夠迅速貼上，既省時又方便。

由於我使用的是系統手帳，所以準備了備忘專用的保存空間，但如果你使用的是普通的裝訂筆記本，或許可以從筆記本後面開始貼備忘錄，等筆記本用完時再回顧和整理。

請根據自己使用的工具，花點心思嘗試各種方法。

運用母艦筆記本

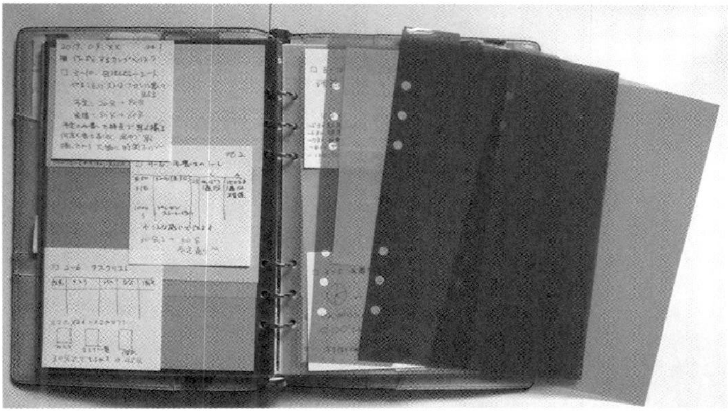

貼進母艦筆記本整理！

10 製作便利貼記事本的方法

隨身攜帶整本便利貼也無所謂，但對於從小嚮往當一個帥氣大叔的我（笑），還是希望稍微在意一下別人對於隨身物品的觀感。所以我將以前使用的記事本皮套加工成便利貼的保管場所使用。

製作方法非常簡單，在此介紹一下。

我進行了「什麼樣的加工」呢？我只是將資料夾裁切成原本記事本內頁的尺寸，摺起來並插進去而已，說成加工或許有點誇張。

這時我會插入三片裁切後的資料夾，兩片用來存放新的便利貼，上面貼著幾疊不同顏色、尺寸的空白便利貼。剩下的一片，則用來暫時存放寫下備忘的便利貼。

製作便利貼記事本的方法

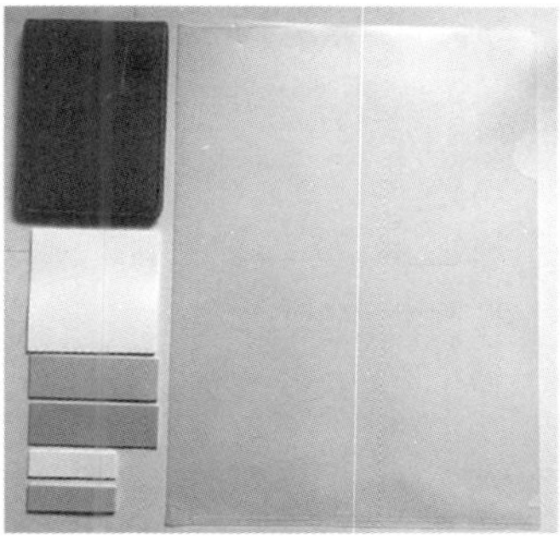

準備的物品：
・記事本皮套
・資料夾
・便利貼

製作方法很簡單！
將資料夾根據記事本皮套的
尺寸裁切，摺起來並插進去

上面那層用來存放寫下
備忘的便利貼；
下兩層則用來存放
新的便利貼。

可以裝上筆插套，也可以把
紙膠帶或 OK 繃放進去。

第 6 章

將夢想和目標可視化

01 自己按下「動力開關」

這本書終於來到了最終章，事實上，我希望各位最先著手的，就是接下來所寫的將夢想與目標可視化。

「為什麼最好從將夢想與目標可視化開始呢？」

因為**有夢想與目標才能行動**。

請想像一下自己去旅行的情況。

如果有想去的景點，應該會規畫前往那裡的路徑吧？

如果有多個想去的景點，也會安排順序，例如先去A，再去B，最後去C。也就是說，有了目的地，路線和行動才能確定。

不只工作，日常的行動也是同樣的道理。

有了想去的地方，也就是夢想與目標，就會思考該怎麼做才能抵達，然後付諸行動。

有效率地完成工作，並不代表加班時間就會減少。

然而，為了達成目標，必須付諸行動，而這需要時間。為了騰出這些時間就沒有加班的餘裕，這麼一來自然會減少加班。

因此，工作效率提升、生產力提高、省時、夢想及目標並非毫無關聯。豈止有關連，甚至可說是因為缺乏想要達成的夢想與目標，才無法使加班的時數減少。提升效率和時間管理都只是接近理想自己的手段，所以我希望各位能夠找出自己**真正想做什麼**、**想成為什麼樣的人**。

夢想與目標就像是行動的燃料和引擎。正如某補習班的廣告所說的，夢想與目標就是「**動力開關**」，所以我希望各位一開始就能將夢想與目標可視化。

02 目標是什麼？

那麼，目標到底是什麼呢？

在我看來，目標是一個有「達成期限」，而且能夠達成的理想狀態。

的確，夢想與目標代表理想的狀態、想要抵達的境地，但如果沒有期限，就只是單純的願望，甚至是妄想。

那些無法讓人「真心想進行、想實現」的事物，既不是夢想也不是目標。

但由衷想要達成的目標，將成為敦促自己採取行動的動力開關，也會成為行動的引擎與燃料。因為真心想要「變成這樣的人，想做這件事！」所以能夠行動，甚至是**自然而然想要行動**。

如果有想實現的夢想與目標，我建議大家先寫下來。

「不不，如果是不寫下來就會忘記的東西，就不是真正的夢想。真正想做的事情不可能忘記。」

雖然也有人這麼認為，但寫下夢想與目標不是因為怕忘記。

寫下來查看是為了激發動力。

實際上，我每次查看時，都會燃起「我要變成這樣」、「我要實現這種未來」的熱情，並發動行動的引擎。

03 將最棒的自我形象可視化

直到上一章為止，我們都在將那些必須完成的任務與計畫等可視化，而說老實話，這些事情都很無聊。

不過接下來，我們將稍微把可視化的目標轉移到那些光想像就讓人感到開心和興奮的事情。

首先，請想像一個「**如果這樣就太棒了！**」的未來場景。你眼前浮現出什麼樣的畫面呢？

是獨自專注地投入某件事情的身影嗎？

還是與家人或朋友一起共享某個時刻？

或是在眾人面前展現才華？

我聽說最近有許多年輕人因為沒有夢想而煩惱。

擁有宏大的夢想固然不錯，但如果只是想和偶像般可愛的女孩約會也沒關係，只要能夠想像出比現在更美好的未來即可。

二〇一五年年初，在我還沒有開始自己的讀書會時，曾在一篇名為〈我試著想像夢想中最棒的自己〉（なりたい最高の自分を想像してみた）的部落格文章中寫下這樣一段話。

「我試著想像（妄想？）了夢想中最棒的自己，這時腦中立刻浮現出自己在眾人面前愉快演講的身影。而且是在像是歌唱大賽的會場，或是屋頂有顆洋蔥的場館般巨大的場地。」**（譯註：這裡作者指的應該是紅白歌唱大賽的會場，以及日本武道館。）**

我至今仍不清楚為什麼會有這樣的想像（妄想）。

或許是因為我曾罹患憂鬱症，所以「希望不會再有人和我經歷相同的痛苦」、「就算無法拯救所有人，也希望少一個算一個」。這樣的心情至今未曾改變。正因如此，我希望自己的經驗能多少為他人帶來幫助，所以至今仍持續舉辦讀書會。

而我也像這樣持續撰寫書籍。

這是因為每當我想到「希望憂鬱症患者能夠少一個算一個」時，就會自然地產生動力。

「在千人以上的大眾面前演講，簡直是天方夜譚。」各位或許會這麼想。

確實，目前的我還沒有能力吸引這麼多的人。

但即便如此，我現在也不在意。

因為我真心想要實現，所以會為了多少與目標拉近距離，盡全力思考：「現在能做什麼？該怎麼做？」

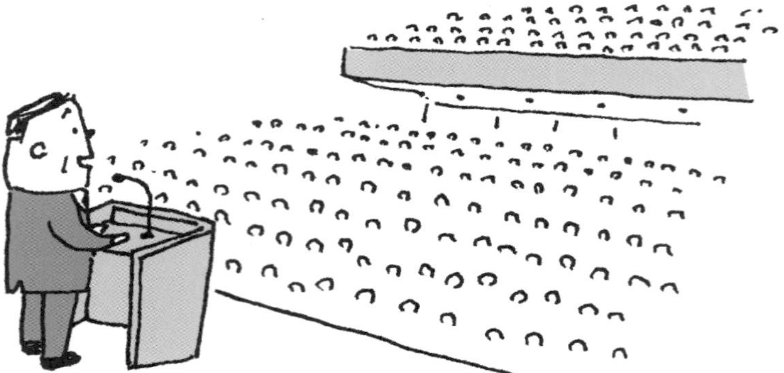

正因如此，我能夠主動按下「動力開關」，積極嘗試而不去考慮是否會失敗，或者更精確地說，我是自然而然想要這麼做。

04 製作願景圖

各位是否已經想像出最棒的自己了呢？

有些人說不定已經想到了好幾種可能性。想到的人或許會想把這些可能性整理成清單以免忘記，但在此之前，還有一件事要先做，所以請再稍等一下。

而那些還沒想到的人，做了這件事之後可能會有所發現，所以也請先試試這個方法。

到底是什麼方法呢？那就是製作**願景圖**。

有些人可能會疑惑：「什麼是願景圖？」

簡單來說，願景圖就是用圖畫、照片與文字，將想要實現的夢想、願望及目標等以視覺化方式呈現，也稱為藏寶圖或願景板。

願景圖容易被輸入潛意識，因此據說有助於實現夢想或發現自己的願望。

所以為了實現夢想與目標，請務必嘗試看看。

話雖如此，我也不是製作願景圖的專家，只能簡單介紹製作方法。

製作願景圖所需的材料有：

⊙作為底板的筆記本、繪圖紙或畫板等。

⊙剪刀或美工刀、膠水。

⊙想要實現的夢想或願望的示意照片、剪下的雜誌。

材料只有這些，應該很快就能準備好吧？

這裡最重要的是收集照片和剪下的雜誌。使用家裡現有的雜誌固然不錯，但也可以去書店的雜誌區看看。

時尚雜誌、旅行雜誌、商業雜誌，或者介紹智慧型手機與家電等商品的雜誌等，如果可以的話，準備多種不同類型的雜誌更好。

此外，還可以看看那些介紹平常不會購買，也不會接觸到的高級商品的雜誌，收集那些你覺得「這個真不錯，我好想要、好想去、好想嘗試」的東西。

製作願景圖時，請從收集的雜誌中剪下那些能代表你夢想和願望的照片。接著，將那些能夠幫助你想像：「如果這樣就太棒了！」的未來場景的照片一一貼上，完成一張匯聚最理想自己的願景圖。

這時最重要的是，不要設下任何限制。在金錢與時間都充裕的前提下，收集光是想像就令人雀躍的照片貼上去。

但願景圖不是做完就結束。完成的願景圖還應該放在顯眼的地方，每天多看幾次。

如此一來就能深深烙印在潛意識中，變得容易實現，同時也能幫助自己按下動力開關，讓自己「為了實現這樣的未來而努力！」

因此，我也會把願景圖貼在手帳的第一頁。影印之後放在各個地方或許也不錯。

製作願景圖

願景圖

「如果這樣就太棒了！」
請想像幾個會讓你這麼想的最棒場景，
並將能夠聯想到這個場景的照片一一貼上，
製作成一張匯聚最理想自己的願景圖！

05

記錄想做的事

願景圖完成後，接下來要做的就是製作願望清單。

前面提到「即使想像出多個夢想中的最棒自我形象，還是請先稍等一下再整理成清單」。

這是因為如果先製作清單，可能會因為無法自由發想，導致想像難以充分擴展，使願景圖變得局限。

這麼做往往會使人只去尋找符合清單內容的照片，無法打從心底感到雀躍。

因此，請先想像令人雀躍的未來、製作願景圖，而後再把具體內容寫進清單裡。

換句話說，就是先進行視覺化的想像，再將其轉換為文字。請務必遵守這個順序。

願望清單不僅包含那些貼在願景圖上的遠大夢想與目標，也可以包含那些只要努力一下就能實現，但一直拖延的事情。總而言之，請先試著寫出一百個以上的願望吧！

「才一百個而已，應該很簡單吧？」

各位或許會這麼想，但實際嘗試就會發現不是這麼容易就能想到。我寫到三十個左右就卡住了。

不過，據說真正想做的事情，就存在於想不出來時強迫自己硬擠出來的事物中。

如果實在想不出來，可以回憶童年時期想要的東西、憧憬的事物或夢想的職業。有沒有想到什麼呢？

如果還是想不出來，或者暫時沒時間，之後再騰出空檔來進行也可以。

此外，稍後會介紹依照人生的各個面向來思考的方法，採用這個方法或許會更容易想到，所以還沒寫出一百個願望的人，可以先閱讀那個部分，再回來繼續寫。請務必努力想出一百個願望。

製作清單時必須注意避免使用否定表述，例如「不要做某事」或者「停止某事」。

因為否定表述無法想像出具體而言該怎麼做。

「不要做某事」在寫的時候應改為「用某事取代某事」或「成為某種狀態」等肯定的表達方式。

製作願望清單

願望清單　想做的事情、想要的物品、想去的地方、想達成的狀態等，把想到的內容寫下來。

4			期限			期限
5	1	每年1次出國旅行	5年	36		
6	2	每2個月1次國內旅行	3年	37		
7	3	出書	1年	38		
8	4	登上富士山	3年	39		
9	5	上電視	3年	40		
10	6	手帳規畫	5年	41		
11	7	跳傘	5年	42		
12	8	高空彈跳	3年	43		
13	9	住在六本木的高樓層大廈	5年	44		
14	10	擁有自己的公司	5年	45		
15	11	回母校演講	5年	46		
16	12	在雜誌上開專欄	3年	47		
17	13	學會劈腿	1年	48		
18	14	變成精瘦的體型（體脂率12%以下）	3年	49		
19	15	建立1000人的社群	3年	50		
20	16	企畫原創文具	3年	51		
21	17	買東西不用看價錢	5年	52		
22	18	宇宙旅行	總有一天	53		
23	19	訂做西裝、襯衫	1年	54		
24	20	工作到80歲	30年	55		
25	21	出國演講	10年	56		
26	22	用英文工作	5年	57		
27	23	搭乘環遊世界的郵輪	10年	58		
28	24			59		
29	25			60		
30	26			61		
31	27			62		
32				63		

至少寫出 100 個

真正想做的事情，就在於想不出來還硬要擠出來的事物中。

想不出來的時候，請試著回想童年時想要的東西、

嚮往的事物、想從事的職業等。

如果還是想不出來，或者暫時沒有時間，

之後再騰出空檔來進行也可以。請努力想出 100 個願望。

06 目標要均衡！

各位寫出一百個願望了嗎？

寫出來之後，請大致回顧一下。是否只集中在金錢或工作方面，或者只涉及家庭和朋友等人際關係呢？

人不是有了錢就會幸福。即使擁有再多的金錢，如果伴侶關係或親子關係不順利，也稱不上是幸福吧？沒有朋友的生活也很寂寞不是嗎？

又或者，身體虛弱經常住院，甚至罹患重病，壽命只剩六個月，那麼即使擁有再多的金錢也無法感受到幸福。

不是只實現一個目標就能獲得幸福人生。金錢、工作、家庭、人際關係、健康和時間的平衡相當重要。

因此，在設定目標時，請務必注意均衡分配。

請確認人生雷達圖

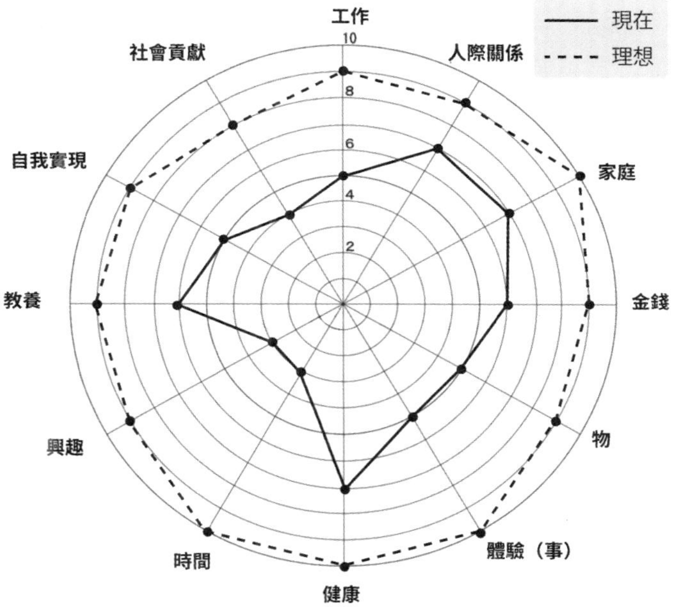

其他的價值觀詞彙

自由	責任	達成	權力
變化	效率	信用	信賴
勇氣	好奇心	挑戰	
穩定	平衡	成長	地位

……，還有其他許多價值觀，

請試著配合自己的價值觀，繪製人生雷達圖。

07

爲夢想加上期限

願望清單完成後，接下來就為願望決定達成的期限吧！

這是最好盡快實現，甚至立刻就想著手的事情嗎？

是希望在一年內達成嗎？

還是只要在有生之年完成即可呢？

請將當下的想法直接補充在清單裡。

這時的重點在於，就和記錄想做的事情一樣，不要想太多，而是將想到的期限直接寫下來。

如果開始思考：「什麼時候能做到呢？」只會拖延時間。應該直接決定「我要在某某期限之前完成！」然後再考慮「如何實現」。

「總有一天要試試看！」

如果只是這麼想，這個「總有一天」將永遠不會到來。這樣下去，「總有一天要試試看」的事情，將停留在夢想和願望的階段，永遠都無法實現。

設定期限能**將夢想與願望轉變為具體的目標**。

08 將目標依循 SMART 法則可視化

最理想的情況是，除了為目標決定期限之外，還能清楚了解達成狀況，如果能夠在途中評估達成的狀態更好。換句話說，**最佳方式就是將目標數值化**。

接著，也將這些目標可視化。

大家常說「把目標寫在紙上就能實現」，這正是可視化的效果。可視化能夠讓人朝著目標前進，因此更容易實現。

這代表將目標可視化時，必須做到下列幾點：

⊙ 具體且明確地知道達成時的狀態（Specific）。

⊙能夠在途中評估達成的狀況（Measurable）。

⊙當然，目標必須是可達成的（Achievable）。

⊙目標能讓人更接近最棒的自我形象（Relevant）。

⊙期限明確（Time-Bound）。

沒錯，目標最好依循SMART法則制定。因為依循SMART法則制定的目標，更容易落實到實際行動中，並且更容易維持動力，進而更容易達成。

SMART 的目標！

- **S** Specific　具體的
- **M** Measurable　可評估的
- **A** Achievable　可達成的（※）
- **R** Relevant　符合價值與現實
- **T** Time-Bound　有時間限制

（※）達成率 60 ～ 80%最適當。低於這個數字，在做之前就會覺得不可能達成，至於輕易就能達成的事情，根本稱不上目標。

09

將大目標分解成小目標

寫出一百件想做的事願望清單中，有些事情可能只要有心就能立即做到，但也有一些事情需要花費較長時間才能達成。

這些需要較長時間才能達成的目標，大多數都可以算是第二章所介紹的「專案」。

因此，這些目標也需要像將專案分解成任務一樣，細分成較小的任務，並逐一完成。

其實，實現目標的方式也和執行專案相同，一個大的目標或專案無法直接處理。

請透過反推的方式將其分解，思考十年後↓五年後↓一年後↓半年後↓一個月後↓一周後↓今天必須做什麼、可以做什麼，並且逐一達成吧！

10年後
5年後
好的，距離下一個目標還剩幾步路！

10

將理想的時間表可視化

遠大的目標分解成今天可以完成的微小行動後，為了能夠付諸實行，接下來需要的就是制定**理想的時間表**。

你希望從早上醒來到晚上入睡前，以什麼樣的心情起床、抱持著什麼樣的感覺行動、入眠呢？

「如果能夠這樣過一天，就是至高無上的幸福了。」請試著幻想像這樣理想的一天。

你想和誰一起，在什麼地方，做些什麼呢？

請試著寫出對自己而言最理想的一日時間表，除了單純寫出做什麼事情之外，也請想像在什麼樣的心情下、和誰在一起、以什麼方式度過。

寫好了嗎？

寫出理想的一天後，請稍微拉回現實，也寫下自己實際的一天。有將行動記錄下來的人可以參考記錄，如果沒有記錄，籠統地寫出「應該是這樣過的」也可以。可以是特定的一天，也可以是每天平均的模式。

那麼，「理想的一天」和「現實的一天」有哪些差異呢？

有些人或許會覺得，差距如此之大，根本不可能實現，並因此而灰心喪志，但不需要如此。掌握理想和現實之間的差距是第一步。如果沒有理想，就不知道該做什麼才好。因為有理想、想要更接近理想，才會產生改變。

所以製作時間表時，務必將之前所寫下的「今天、現在，必須做什麼、可以做什麼」這些細分的任務納入其中。

我曾問過某位說自己「想出書」的人：「你為了達成這個目標做了哪些努力呢？你寫企畫書了嗎？或是和出版社、編輯搭上線了嗎？」結果對方的回答讓我驚訝不已。

不要說企畫書了，對方連出書的主題都還沒決定，甚至在有機會認識出版社或編輯之前，連一個字都沒有寫。對方難道以為在這樣的狀態下能夠出書嗎？

如果真的想要出書，就應該寫出想寫的主題，尋找企畫書的範本，參加能認識出版社與編輯的活動，尋找各種可能的機會，很多事情現在立刻就能開始。

目標不是聖誕老人送來的禮物，就算再怎麼把「想要」掛在嘴邊，也不可能到手。如果真的想要達成，就只能自己透過每天一步步的行動去實現。

因此，為了實現你真正渴望的未來，必須每天早晨決定今天要做什麼、能做什麼，並確保執行的時間。而**時間是自己創造出來的**。

請在每天、每周、每月的計畫中，不斷地把想做的事寫下來，將其可視化。並且每天仔細檢查、改進，透過確實的PDCA循環，達成各種目標，才能距離你夢想中最棒的自己更近一步。

製作理想的時間表

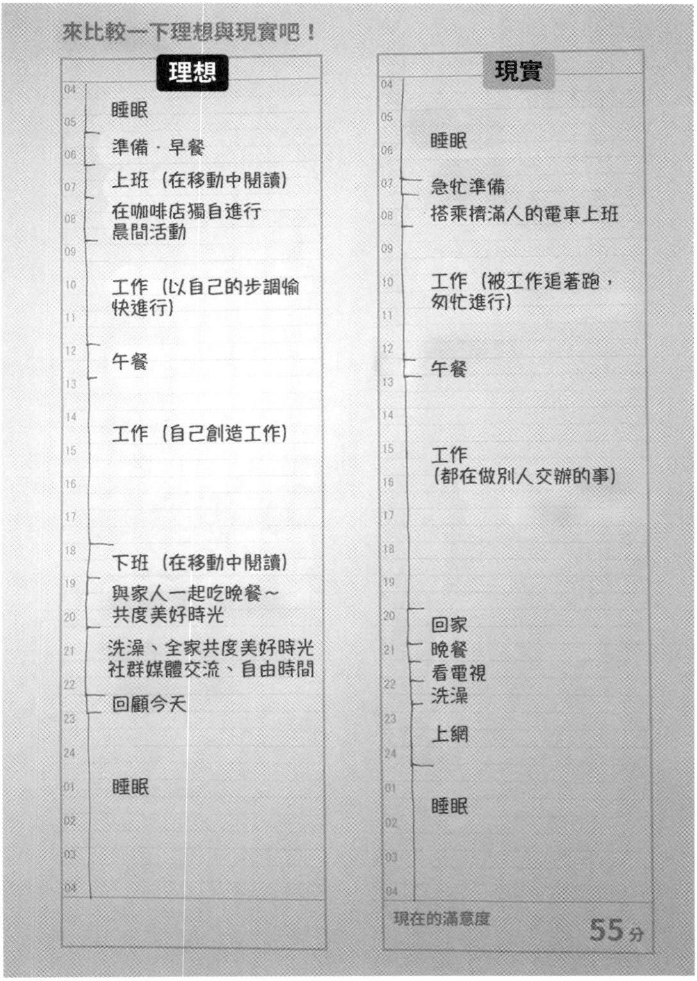
來比較一下理想與現實吧！
理想
04
睡眠
05
準備．早餐
06
上班（在移動中閱讀）
07
在咖啡店獨自進行晨間活動
08
09
工作（以自己的步調愉快進行）
10
11
12
午餐
13
14
工作（自己創造工作）
15
16
17
18
下班（在移動中閱讀）
19
與家人一起吃晚餐～共度美好時光
20
洗澡、全家共度美好時光
社群媒體交流、自由時間
21
22
回顧今天
23
24
睡眠
01
02
03
04
現實
04
05
睡眠
06
07
急忙準備
搭乘擠滿人的電車上班
08
09
工作（被工作追著跑，匆忙進行）
10
11
12
午餐
13
14
工作（都在做別人交辦的事）
15
16
17
18
19
20
回家
21
晚餐
看電視
22
洗澡
23
上網
24
睡眠
01
02
03
04
現在的滿意度
55分

從「時間管理」到「人生管理」

日本政府逐漸開始認為，長時間的勞動、加班等不良文化，正在拖累日本的經濟，成為生產力低落的原因。而到了最近，終於能夠看見政府在勞動方式改革方面的積極行動。

而隨著勞動方式改革法案的通過，《勞動基準法》也因此而修法，自二〇一九年四月起，規定擁有十天以上有薪年假的員工，每年必須至少休息五天。

若以一年兩百五十天的工作日計算，這意味著政府要求「至少休息二%，並在此基礎上提升勞動生產率」。

但是實際情況如何呢？

想必也有不少人被上司要求：「減少加班，但是要達到與原本相同，甚至更好的成果！」

拿起這本書的你，說不定也是其中之一。

「就算這麼說也做不到啊……該怎麼辦呢？」

像這樣煩惱的人想必也不少。

最後甚至誕生了「短工時騷擾」（強制要求縮短工作時間）這個詞彙。

目前的勞動方式改革給人的感覺是：「總之給我減少勞動時間！」但我想原本的用意並非如此。

因為我認為，即使只是把縮短工時當成目的，也很難實現。

縮短工時是為了什麼呢？

在不清楚目的的情況下，即使想要執行也不可能達成。

「為了實現勞動方式改革，必須管理時間，請著手進行時間管理吧！」

如果只像這樣聚焦於時間，將難以順利執行。愈是專注於時間管理，就愈會感受到被時間束縛的窒息感。

這是為什麼呢？

因為關注的重點原本應該是「人生」，結果卻只聚焦在「時間」上。

我想各位當然理解，時間並不只是為了工作而存在，我們也不是為了工作而活。工作只不過是人生的一小部分。

時間管理的真正目的，是幫助你**實現理想的人生，達成人生的目標**。

換句話說，我們需要從管理時間的「時間管理」，轉換成管理自己人生的「人生管理」，而本書也一直提及這個觀念。

希望本書能成為你從「時間管理」轉變為「人生管理」的助力。

最後再送給你這句話：「因為人是健忘的生物……」。

感謝各位抽出寶貴的時間閱讀本書，並且讀到最後。本書介紹了將各種事物可視化的方法，有沒有哪種是你覺得有機會實踐的呢？

如果答案是「有」，那對我這名作者來說，沒有比這更高興的事。

如同我在本書開頭所提到的，我絕對不是幹練的上班族。我每個月需要加班一百二十小時，全年需要加班一千一百五十小時以上才能完成工作，真要說起來，我是個充滿缺點的笨拙上班族。

就這層意義來看，我或許是「特別」的吧（笑）。

正如本書多次強調的，人總是健忘的。為了避免遺忘，我們唯一能做的就是記錄並可視化。只要進行可視化，就不僅能在回顧時想起過去，也能夠運用在未來。

我在本書中努力地塞滿了達成這個目的的方法。

不只本書，任何書籍都不應該讀完就算了。只有將書中的內容付諸實踐，閱讀才會產生價值。

因此，如果本書中有任何一點讓你覺得「似乎可以做到」、「想要嘗試看看」，就請立刻實踐。

此外，這些方法也請不要光是自己實踐，還應該傳播給周圍的人，並與他們一起實現理想未來。這是我身為本書作者最後的請求。

如果讀完本書之後還有不清楚之處，或是想要知道更多、更加了解的內容，我也舉辦了讀書會，雖然地點只限於東京近郊。

另外，我還發行了一份免費的電子報「時間活用塾」（https://

kazutaniguchi.com/mailmag/），介紹本書未能提及的內容，以及幫助大家能夠更有效運用時間的觀念，也請透過這份電子報，獲得更多資訊。

我也會透過電子郵件回答問題，歡迎寫信到 info@kazutaniguchi.com 與我聯絡。

祝福各位與各位身邊的人都能獲得理想的未來。

【讀者特典】

可以透過左列網址，下載本書中介紹的「空白回顧表」以及「作者所寫的彩色回顧表範例」等資料。

希望這些資源能幫助你進一步理解本書內容，實現心目中「理想的最棒未來」。

https://kazutaniguchi.com/book02-mieruka/

國家圖書館出版品預行編目(CIP)資料

職場必修！高效可視化工作術：不加班、不瞎忙、不崩潰，實現 Work-life balance!/ 谷口和信著；林詠純譯. -- 初版. -- 臺北市：今周刊出版社股份有限公司, 2025.03
264 面；14.8X21 公分. --(Unique ; 70)
譯自：時短と成果が両立する仕事の「見える化」「記録術」
ISBN 978-626-7589-17-5(平裝)

1.CST: 職場成功法 2.CST: 工作效率

494.35 114000169

Unique 070

職場必修！高效可視化工作術
不加班、不瞎忙、不崩潰，實現 Work-Life Balance！

時短と成果が両立する 仕事の「見える化」「記録術」

作　　者　谷口和信
譯　　者　林詠純
總 編 輯　李珮綺
責任編輯　吳昕儒
封面設計　王俐淳
內文排版　陳姿伃
校　　對　呂佳真、李珮綺

企畫副理　朱安棋
行銷企畫　江品潔
業務專員　孫唯瑄
印　　務　詹夏深

發 行 人　梁永煌
出 版 者　今周刊出版社股份有限公司
地　　址　台北市中山區南京東路一段 96 號 8 樓
電　　話　886-2-2581-6196
傳　　真　886-2-2531-6438
讀者專線　886-2-2581-6196 轉 1
劃撥帳號　19865054
戶　　名　今周刊出版社股份有限公司
網　　址　http://www.businesstoday.com.tw

總 經 銷　大和書報股份有限公司
製版印刷　緯峰印刷股份有限公司
初版一刷　2025 年 3 月
定　　價　400 元